나와 똑같은 사람을
만들 수 있을까?

초록서재 교양문고_ **과학**

나와 똑같은 사람을 만들 수 있을까?

초판 1쇄 발행 2021년 8월 30일 | **초판 3쇄 발행** 2023년 9월 20일 | **글쓴이** 유윤한 | **펴낸이** 황정임
총괄본부장 김영숙 | **편집** 이나영 | **디자인** 이재민 이선영 이영아 | **마케팅** 이수빈 고예찬 | **경영지원** 손향숙

펴낸곳 초록서재(도서출판 노란돼지) | **주소** (10880) 경기도 파주시 교하로875번길 31-14 1층
전화 (031)942-5379 | **팩스** (031)942-5378 | **등록번호** 제406-2015-000137호 | **등록일자** 2015년 11월 5일
홈페이지 yellowpig.co.kr | **인스타그램** @greenlibrary_pub
 | ISBN 979-11-974563-5-0 43470

값은 표지 뒷면에 있습니다.

초록서재는 여린 잎이 자라 짙은 나무가 되듯,
마음과 생각이 깊어지는 책을 펴냅니다.

초록서재
교양문고
과 학

나와 똑같은 사람을 만들 수 있을까?

유윤한 지음

초록
서재

흥미롭고 놀라운 유전자 이야기

2015년 인도 북동부 아삼 주의 한 작은 병원에서 살마 파빈은 아들을 낳았다. 엄마와 아기가 모두 건강했기 때문에 파빈은 다음 날 바로 퇴원했다. 그런데 얼마 뒤 파빈의 남편이 병원을 다시 찾아왔다.

"아내가 이상해요. 우리 아들이 자꾸만 다른 아이와 바뀌었다는 거예요."

병원에서 그럴 리가 없다고 펄쩍 뛰었다. 하지만 파빈은 남편을 통해서 끈질기게 주장했다. 같은 분만실에 있었던 산모가 낳은 아들과 자신의 아이가 바뀌었다고 말이다.

파빈이 그렇게 주장하는 이유는 얼핏 듣기에 좀 황당했다. 아이를 안고 퇴원하는 날부터 엄마의 직감으로 자신의 아이가 아니라는 것을 알았다는 것이다. 그리고 증거로 아들의 작고 치켜 올라간 눈이 부모인 자신과 남편을 전혀 닮지 않았다는 것을 강조했다. 하지만 이 세상에는 얼핏 보기에 부모를 닮지 않은 아이들이 얼마든지 있다.

파빈의 남편은 아내에게 정신적인 문제가 있어서 아들을 의심하는 것이라 여겼다. 그래서 같은 분만실에 있었던 산모와 그 아들을 만나 파빈의 의심이 어처구니없는 것임을 깨닫게 해주면 나아질 것이라고 생각했다. 병원에서도 사정을 딱하게 여겼는지 파빈과 비슷한 시간에 몸무게가 비슷한 아들을 낳은 산모, 아닐의 연락처를 알려주었다.

파빈의 남편은 이웃마을에 사는 아닐의 집을 찾아갔다. 집에 들어선 순간 깜짝 놀랐다. 그 집의 갓난 아들 리얀이 자신을 쏙 빼닮았기 때문이다. 하지만 아닐의 가족은 이 사실을 인정하려 하지 않았다.

결국 두 아이는 유전자 검사를 하게 되었다. 그 사이에 아이들은 무럭무럭 잘 자라고 있었지만, 의심의 싹을 없애기 위해 누가 친부모인지 확실히 해두는 게 좋다고 생각했기 때문이다. 결과는 놀랍게도 파빈의 주장대로였다. 파빈의 친 아들은 이웃마을에 사는 리얀이었다. 두 아이는 5분 간격으로 태어났는데, 간호사의 실수로 엄마가 바뀌었던 것이다.

만일 유전자 검사기술이 없었던 몇 십 년 전이었다면, 두 아이는 평생 부모가 바뀐 채 살았을 것이다. 하지만 다행히도 유전자 검사를 받고, 친부모를 찾을 수 있게 되었다. 사람은 누구든 부모님의 유전자를 절반씩 물려받고 태어나기 때문에 유전자 검사를 하면 친부모가 누구인지 금방 알 수 있다.

도대체 유전자는 무엇이길래 부모로부터 자식에게 고스란히 전해지는 것일까? 그리고 어떻게 엄마와 아빠로부터 절반씩 똑같이 나누어 받는 것일까? 요즘은 유전자가위로 유전자의 일부를 잘라 내고 붙이기도 한다는데, 이것은 또 어떤 원리일까?

이제부터 흥미롭고 놀라운 유전자의 이야기를 시작해볼까 한다.

차례

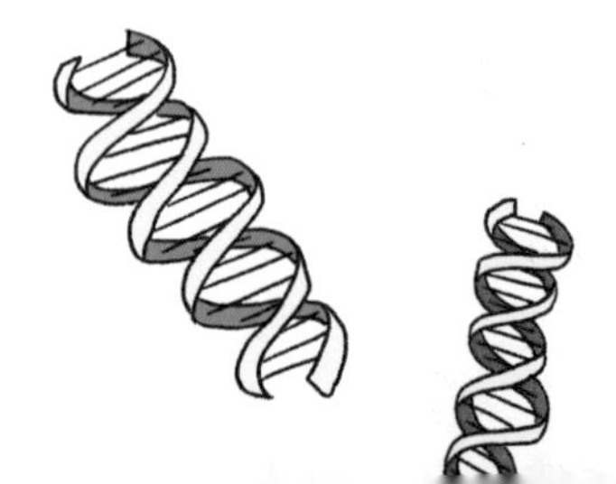

03 어떻게 유전자를 잘라내고 붙일까? 77

04 유전자를 어떻게 복제할까? 97

부록 문학과 영화를 통해 알아보는 유전자 이야기 135

01

유전자는 무엇일까?

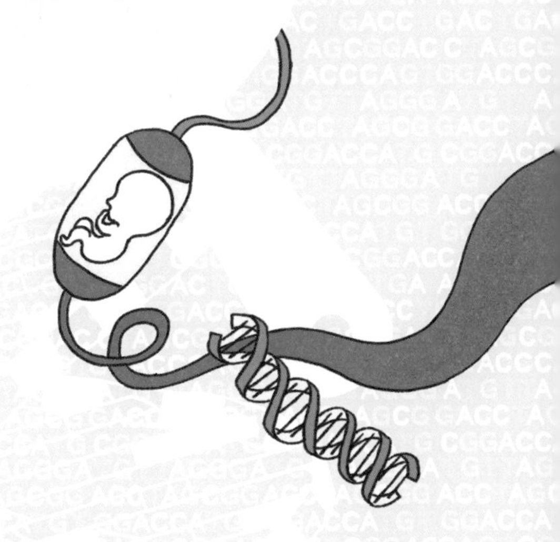

유전자는 정보다

유전자는 부모로부터 자식에게 전달되는 정보다. 이 정보의 절반은 엄마에게서, 나머지 절반은 아빠에게서 온다. 엄마와 아빠가 절반씩 나누어주는 유전정보가 잘 합쳐질 때 자식이 태어날 수 있다. 그리고 이렇게 태어난 아이는 자라면서 점점 부모를 닮아간다.

어떤 경우에는 앞에서 말한 사례처럼 아기 때부터 한쪽 부모를 쏙 빼닮기도 한다. 유전정보를 부모로부터 절반씩 물려받지만, 한쪽과 유독 닮아 보이는 이유는 우리가 가진 모든 유전정보가 겉으로 드러나지는 않기 때문이다.

19세기에 살았던 그레고어 멘델Gregor Johann Mendel은 이런 유전 현상에 관심이 많았다. 특히 어떤 생물은 부모의 특징을 그대로 물려받는데, 다른 생물은 그렇지 않은 이유를 알고 싶어 했다. 초록색인 완두를 가득 심었는데 가끔 노란색 완두콩이 열리는 것을 보고, 왜 부모의 색깔을 그대로 물려받지 않는 후손이 생겨나는지 궁금했던 것이다.

멘델은 분명 부모에게서 자손으로 어떤 물질을 물려주고, 자손은 그 물질을 통해 부모를 닮게 되는 것이라고 어렴풋이 추측했다. 그리고 이렇게 자신의 특성을 물려주기 위해 후손에게 전달하는 물질을 '유전인자'라고 불렀다. 나중에 다른 과학자들은 멘델이 처음으로 제안한 '유전인자'란 개념을 간단히 '유전자'로 부르게 되었다.

부모로부터 자식에게 전달되는 유전자가 있을 것이라고 상상해 보는 것은 과학 연구의 가장 첫 단계인 '가설'에 해당한다. 다음 단계는 실험과 관찰을 통해 가설이 맞다는 것을 '증명'하는 것이다. 만일 여러 번에 걸친 실험과 관찰에서 가설대로 유전자가 실제로 있다고 확인되면, 마지막으로 해야 할 일이 한 가지 더 있다. 바로 유전자가 어떻게 후손에게 전해지는지를 설명한 '논문'을 발표하는 것이다. 우리가 배우는 대부분의 과학 이론과 법칙은 모두 논문을 통해 세상에 발표되었다. 멘델도 이 과정을 따라 자신의 유전 이론을 완성했다.

모든 생명체는 자신을 닮은 후손을 퍼뜨리고 죽은 뒤에도 자신의 유전정보가 남아 있도록 하려는 본능을 가지고 있다. 지구의 생태계가 오랜 역사를 통해 유지되어 온 것도 생명체들이 이처럼 후손에게 자신의 유전자를 전하기 위해 애써온 결과이다.

물론 유전활동에 대해 주장한 사람은 멘델이 처음은 아니다. 유전자란 말을 직접 쓰지는 않았지만, 아주 오래전부터 학자들은 자신의 신체적 특징을 후손에게 물려주기 위한 물질을 누구나 가지고 있을 것이라 추측했다.

고대 그리스의 철학자인 데모크리토스Democritos는 사람의 피 속에 있는 특별한 알갱이가 자식에게 전해진다고 생각했다. 데모크

리토스가 상상한 알갱이는 자식이 부모와 닮도록 만드는 유전자와 비슷한 것이었다.

고대 그리스의 의학자인 히포크라테스나 철학자인 아리스토텔레스는 아버지의 생식 기관에 있는 정액이 자식의 모습을 결정하는 데 중요하다고 주장했다. 특히 아리스토텔레스는 어머니는 자식에게 아무것도 물려주지 않고, 뱃속에서 열 달 동안 키워줄 뿐이라고 생각했다. 하지만 의사인 히포크라테스는 어머니의 몸속에도 정액 같은 물질이 있기 때문에, 이 물질이 힘이 셀 경우에는 어머니의 신체적 특징을 자식에게 물려줄 수 있다고 주장했다. 아무래도 의사인 히포크라테스가 철학자인 아리스토텔레스보다는 유전에 대해 좀 더 정확하게 알고 있었던 것 같다.

멘델의 실험

멘델은 유전에 대한 이런 막연한 추측을 실험과 관찰을 통해 확인해 보기로 했다. 유전이란 부모가 자식에게 자신의 형질을 물려주는 것이다. 형질은 부모로부터 자손에게 전달되는 고유한 생김새와 특징을 통틀어 가리키는 말이다. 사람이 자식에게 유전하는 형질로는 외모와 관련된 것만 해도 곱슬머리, 검은 피부, 쌍꺼풀 등 여러 가지가 있다. 이런 형질은 유전자를 통해서 자손에게로 전해진다.

멘델은 유전자가 자손에게 어떻게 전해지는지를 관찰하기 위해 수도원에 딸린 정원에 식물을 심어 기르기 시작했다. 수도사였던 그가 34살 때부터 수도원 정원에서 8년 동안 기르며 관찰한 식물의 수는 수만 그루에 이른다. 통계학이 발달하지 않았던 시대에 빅데이터의 중요성을 인지했다는 점에서 그는 매우 뛰어난 과학자였다. 멘델이 유전에 대한 이론을 세우는 데 아주 큰 도움이 된 식물은 완두였다.

사람이 자식을 낳아 길러 부모를 얼마나 닮는지를 관찰하려면 몇 십 년은 걸리고, 정확한 결과를 얻기 위해 실험 대상을 한 곳에 모아 관리하기도 어렵다. 그에 비해 식물은 한꺼번에 기르기도 쉽고, 싹이 트고 나서 몇 달 만에 많은 후손을 남기는 것들도 많기 때문에 몇 년에 걸쳐 관찰하면, 어마어마한 관찰 자료를 얻을 수 있다. 게다가 색깔이나 모양도 다양해 어떤 형질이 유전되는지 관찰하기도 쉽다.

멘델은 식물을 기르며 얻은 결과를 세세히 기록했다. 이것은 누구도 알아주지 않는 외로운 자신과의 싸움이었다. 그리고 이 싸움에서 얻은 것은 어마어마한 빅데이터였다. 멘델은 마치 오늘날의 데이터 분석가처럼 자신의 가설에 맞지 않은 자료를 과감히 버리고 필요한 것들만 추려냈다.

멘델이 특히 관심을 쏟은 것은 완두의 교배 결과였다. 그는 한두 번의 관찰로는 과학 이론을 세울 수 없다는 것을 알았기 때문에 해마다 지치지 않고 수많은 완두를 심어 교배시켰고 그 과정에서 완두의 일곱 가지 형질이 몇 세대에 걸쳐 어떻게 전해지는지를 알 수 있었다. 예를 들어 둥근 완두와 찌그러진 완두, 초록 완두와 노란 완두, 회색 콩껍질과 하얀 콩껍질 등 각각 대립되는 형질을 가진 순종을 가려내 교배시켜 잡종을 얻었다.

잠시 멘델의 입장이 되어 그가 노란 완두와 초록 완두를 교배하는 일부터 시작했다고 상상해보자. 두 종류의 순종 완두를 교배해 얻은 잡종은 모두 노란 완두였다. 부모 세대의 절반은 노란색이고, 절반은 초록색이었는데 자식 세대에서는 모두 노란 완두만 생겨난 것이다. 당시 과학자들의 생각대로라면 자식 세대에서는 노란색과 초록색이 적절하게 섞인 중간색이 나타나야 하는데 말이다. 아마도 멘델은 이런 의문을 품었을 것이다.

"부모가 한쪽은 노란색이고, 한쪽은 초록색인데도 자손은 모두 노란색이라니… 왜 노란색과 초록색인 섞인 잡종 완두가 나오지 않는 거지? 그리고 초록 완두는 어디로 사라진 것일까?"

멘델은 이어서 또 한 가지 중요한 실험을 했다. 부모가 한쪽은 노란색이고 한쪽은 초록색인 잡종 완두를 구별해 자가수분한 뒤 잡종 2세대를 얻었다. 자가수분이란 자신의 꽃가루를 자신의 암술

머리에 붙여 암술에 숨어 있는 알세포와 꽃가루 세포를 교배시키는 것이다. 멘델은 자가수분한 꽃에는 망을 씌워 주위의 다른 꽃가루를 묻힌 곤충이 날아들지 못하도록 막았다. 이렇게 정성 들여 키운 잡종 2세대에서 드디어 손자 완두콩이 열렸다. 놀랍게도 손자 세대에서는 사라졌던 초록 완두가 다시 나타났다. 노란 완두보다 적은 수이기는 했지만 말이다. 겉보기에는 모두 노란색인 완두를 자가수분했더니 그 후손 중에 사라졌던 초록 완두가 다시 나타난 사실에 멘델은 주목했다. 이것은 쌍꺼풀이 있는 부모에게서 쌍꺼풀이 없는 자식이 태어난 것이나 마찬가지이다. 유전에 대한 지식

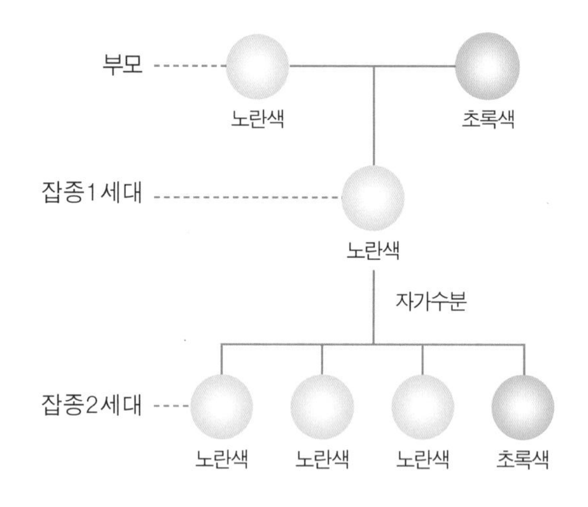

■ 우성 형질과 열성 형질은 일정한 비율로 분리되어 유전한다는 멘델의 분리의 법칙

이 없었던 과거에 이런 아이들은 '주워온 아이'라는 놀림을 받기도 했다.

물론 이런 아이가 주워온 아이일 가능성은 거의 없다. 아이의 부모가 모두 쌍꺼풀을 가지고 있다 해도 드러나지 않은 유전자 중에 무쌍 유전자를 가질 수 있기 때문이다. 우연히 어머니나 아버지 양쪽으로부터 모두 무쌍 유전자를 물려받게 되면, 아이는 결코 부모처럼 쌍꺼풀을 가질 수 없다.

같은 이유 때문에 잡종 2세대에 나타난 초록 완두도 결코 노란색을 띨 수 없었다. 양쪽 부모에게 나타나지 않고 숨어 있던 초록색 유전자만 물려 받았기 때문이다. 이와 같이 서로 대립되는 유전자들이 섞일 때 노란 완두처럼 드러나는 것은 '우성 유전자'이고, 초록 완두처럼 뒤로 숨어 나타나지 않는 것은 '열성 유전자'라고 한다.

멘델의 실험은 둥근 완두와 주름진 완두를 교배시키는 것으로 계속되었다. 역시 자식 세대에서는 한쪽 형질만 드러났기 때문에, 주름진 것은 눈을 씻고 찾아보아도 없었다. 모두 둥글둥글한 자식 완두를 자가수분시켜 손자 완두를 얻자 비로소 주름진 것이 다시 나타났다. 물론 둥근 것보다는 훨씬 수가 적었다.

멘델은 여기에서 멈추지 않고, 둥글고 노란 완두와 주름지고 초록색인 완두를 교배시키는 실험도 진행했다. 역시나 자식 세대에서는 우성 유전자만 나타났기 때문에 모두 노랗고 둥근 완두였다.

주름지거나 초록색을 띠는 완두는 하나도 보이지 않았다. 만일 완두가 사람이었다면, 주름지고 초록색인 부모 완두는 자신을 닮은 자식이 한 명도 태어나지 않아 당황했을 것이다. 하지만 조금만 참고, 자식 완두를 자가수분시키면, 다음 그림과 같이 노랗고 둥근 완두, 노랗고 초록색인 완두, 주름지고 노란 완두, 주름지고 초록색인 완두가 모두 나타난다. 주름지고 초록색인 부모 완두도 손자 세대

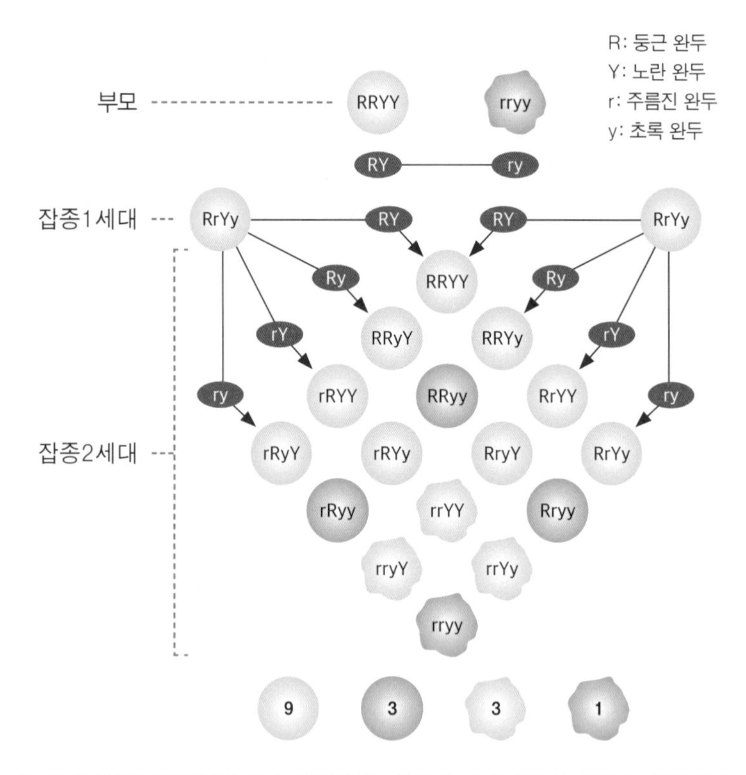

■ 두 쌍 이상의 대립형질은 서로 간섭하지 않고 독립적으로 유전한다는 멘델의 독립의 법칙

로 가면 자신과 똑 닮은 후손을 얻게 되는 것이다. 비록 상대적으로 그 수가 적기는 하지만 말이다.

이처럼 수많은 완두를 교배시켜 실험한 끝에 멘델은 다음과 같은 이론을 정리해 논문으로 발표했다.

1. 생물체가 부모로부터 물려받는 유전자는 한 쌍의 유전자로 이루어진다.

   예) 완두의 색깔을 나타내는 유전자는 노란색 유전자와 초록색 유전자가 한 쌍이고, 완두의 모양을 나타내는 유전자는 둥근 모양 유전자와 주름진 모양 유전자가 한 쌍이다.

   예외) 균류나 무성생식을 하는 단세포 동물은 서로 한 쌍을 이루는 대립유전자를 가지지 않는다.

2. 한 쌍을 이루며 대립하는 2개의 유전자를 대립유전자라 한다. 대립유전자는 양부모가 각각 1개씩 물려준 것이다.

3. 대립유전자 중에서 1개만 몸에서 표현된다. 나머지 1개는 표현되지 않고 있다가 자손에게 유전된다.

4. 대립유전자가 자손에게 유전될 때는 한 쌍이 1개씩 분리되어 유전

된다. 자식은 엄마에게서 1개의 유전자, 아버지에게서 1개의 유전자를 받아 다시 한 쌍의 대립유전자를 가지게 된다.

안타깝게도 멘델의 논문은 사람들의 주목을 받지 못했다. 시골 신부가 뒷마당에서 식물을 키우면서 쓴 관찰일지 정도로만 취급되었다. 하지만 사실 이 논문은 유전학의 시작을 알리는 중요한 업적이었다. 멘델의 발견 덕분에 인류는 처음으로 부모로부터 자식에게 형질을 전해주는 유전인자, 즉 유전자를 과학 연구의 대상으로 삼기 시작했기 때문이다. 그리고 대립유전자들은 서로 섞이지 않고 분리되어 유전되며, 그중에는 겉으로 드러나는 것과 그렇지 않은 것이 있다는 사실도 알게 되었다.

사람들은 겉으로 드러나는 유전자를 '우성', 드러나지 않는 유전자는 '열성'이라고 부르기 시작했다. 물론 우성이 열성보다 뛰어나다는 뜻은 아니다. 다만 서로 대립되었을 때 우선 몸에 특징을 드러내는지 그렇지 않은지를 쉽게 구분하기 위해 붙인 이름일 뿐이다. 이처럼 10여 년에 가까운 연구 끝에 최초로 유전자라는 개념을 정리하고, 기본적인 유전 법칙을 발견한 멘델은 오늘날 '유전학의 아버지'라고 불리고 있다.

유전자의 관찰

멘델은 유전자를 통해 부모의 형질을 자손에게 전한다는 것을 알아냈다. 하지만 자신의 눈으로 직접 유전자를 관찰하지는 못했다. 현미경이 제대로 발달하지 않았기 때문이다.

1600년대 중반에 현미경으로 생물의 세포를 가장 처음 관찰한 사람은 영국의 과학자 로버트 훅Robert Hooke이다. 그는 자신이 개발한 현미경이 얼마나 뛰어난지를 알아보려고, 코르크 조각을 들여다보다가 작은 방처럼 생긴 칸들로 꽉 채워져 있는 것을 발견했다. 그는 이것에 '벌집처럼 모인 작은 칸'을 뜻하는 '셀cell, 세포'이라고 이름을 붙였다. 이후 로버트 훅과 이름이 비슷한, 안톤 판 레이우엔훅Antonie van Leeuwenhoek이 등장해 여러 가지 동식물과 미생물을 관찰한 뒤 모든 생명체는 세포로 이루어져 있다는 사실을 알아냈다.

1800년대 후반이 되자 현미경의 성능은 더 좋아졌고. 과학자들은 세포 속 핵과 핵 안에 있는 짧은 막대기 모양의 물체까지 관찰할 수 있게 되었다. 이 막대기들이 바로 유전자를 담고 있는 '염색체'였다. 세포를 관찰할 때 핵을 알아보기 쉽도록 염색을 했더니 핵 속에 있는 이것들이 더욱 진하게 염색되었기 때문에 붙은 이름이다.

1880년경 독일의 발터 플레밍Walther Flemming은 도롱뇽의 세포를 관찰하다가 신기한 현상을 관찰했다. 원래 염색체와 똑같은 염색체가 한 쌍 더 만들어진 뒤 핵이 쪼개지자 세포가 둘로 나뉘었다. 하나의 세포가 둘이 되는 '체세포분열'이 일어난 것이다. 하지만 플레밍은 자신의 발견이 유전과 관련 있다고 생각하지는 못했다. 오히려 나중에 다른 과학자들이 세포가 분열하는 과정에서 염색체가 그대로 전해지는 것을 보고, 염색체야말로 부모의 특징을 자식에게 그대로 전하는 유전물질일지도 모른다고 추측하기 시작했다.

1920년대에 토머스 모건Thomas Hunt Morgan은 초파리를 대상으로 염색체를 관찰하기 시작했다. 초파리는 성장 속도가 빨라 짧은 시간에 유전을 관찰하기에 적합한 생물이다. 모건은 몇 세대에 걸쳐 초파리를 길러본 뒤 수컷에게서만 눈 색깔이 하얀 초파리가 나타나는 것을 보고, 흰 눈을 만드는 유전자가 수컷을 만드는 유전자와 관련 있다는 가설을 세웠다. 그리고 실험과 관찰을 거듭한 끝에 유전은 염색체 속의 유전물질을 통해 이루어진다는 사실을 알아냈다. 즉 유전자는 어떤 식으로든 염색체 안에 깃들어 있다고 생각하게 된 것이다.

염색체는 단백질과 DNA디옥시리보핵산, deoxyribonucleic acid로 이루어져 있다. 사람들은 단백질과 DNA 중 과연 무엇이 유전에 관여하는 물질인지를 알고 싶어 했다. 이 비밀을 밝혀낸 사람은 미국의 오즈월드 에이버리Oswald Avery다. 에이버리는 1944년 독성 없는 폐렴균과 독성 있는 폐렴균을 가지고 실험했다. 일단 독성 있는 폐렴균을 살균해 독성을 없애고 원래 독성이 없던 균과 섞었다. 그런데 이 실험에서 쥐에게 아무런 해를 끼치지 않던 독성 없는 폐렴균이 독성을 얻어 감염을 일으키는 것을 관찰할 수 있었다. 살균과정에서 독성 있는 폐렴균의 단백질은 파괴되었지만 열에 강한 DNA가 살아남은 것이 문제였다. 독성 있는 폐렴균의 DNA가 독성 없는 폐렴균에 들어가 형질전환을 일으킨 것이다. 이 실험을 계기로 생명체의 형질을 결정하는 유전자는 염색체 속의 단백질이 아니라 DNA에 있다는 사실이 알려지게 되었다.

DNA의 구조

이제 과학자들은 DNA에 대해 좀 더 자세히 알고 싶었다. 거듭된 연구 끝에 DNA(디옥시리보핵산의 줄임말)는 당, 인산 그리고 4가지 염기 물질로 이루어졌다는 사실을 밝혀냈다. 여기에서 4가지 염기는 아데닌, 티민, 구아닌, 시토신이고, 각각 머리글자를 따 A, T, G, C라고 불렀다.

1950년대로 접어들면서 많은 과학자들이 DNA의 정확한 구조나 특징을 알아내기 위한 연구에 달려들어 경쟁하기 시작했다. DNA야말로 유전의 비밀에 성큼 다가설 수 있는 열쇠라는 사실이 분명해졌기 때문이다.

영국의 물리학자 로잘린드 프랭클린Rosalind E. Franklin도 그들 중 한 명이었다. 그녀는 킹스칼리지로부터 DNA 분자구조를 밝히는 연구를 맡아 달라는 제안을 받았다. 젊은 나이에도 불구하고 X선 결정학이란 분야에서 이미 중요한 업적을 쌓은 전문가였기 때문에 결정구조를 지닌 DNA의 비밀을 밝히는 데 프랭클린은 누구보다 적임자였다. 결정구조란 원자나 분자가 대칭성을 띠며 규칙적으로 반복해 배열되는 것을 말한다.

X선 결정학은 X선을 물질에 비추어 물질의 구조를 알아내는 기술이다. 그런데 프랭클린은 강력한 X선 사진으로 누구도 촬영하지 못하는 물질의 분자구조를 찍는 데 뛰어났다. DNA의 복잡한 구조 때문에, 당시 아무도 사진을 어떻게 찍어야 할지를 몰랐지만 프랭클린은 좋은 방법을 생각해냈다. 그것은 DNA분자가 공기 중 수분을 얼마나 흡수하는지에 따라 두 가지 경우로 나누어 각 경우에 알맞게 X선 카메라를 조절하는 것이었다. 그리고 1952년에 드디어 DNA의 X선 사진으로 가장 유명한 '포토51'을 찍는 데 성공했다. 이 사진은 지금도 '가장 아름다운 X선 사진 중 하나'라는 평가를 받

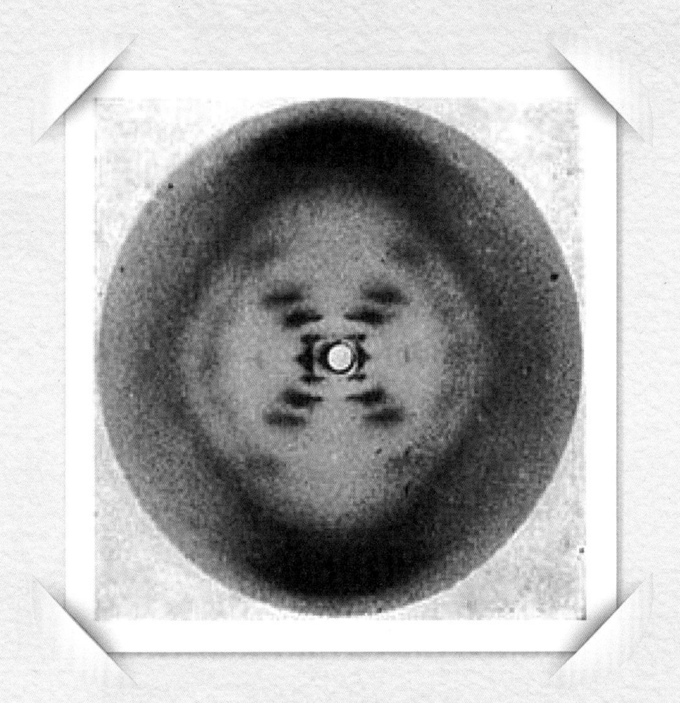

포토51

영국의 물리학자 로잘린드 프랭클린이 찍은 DNA의 X선 사진. '가장 아름다운 X선 사진 중 하나'라는 평가를 받고 있다.

로잘린드
프랭클린

DNA구조 발표

고 있다.

프랭클린은 이 사진을 통해 젖은 DNA 분자가 두 겹의 나선처럼 배배 꼬여 있다는 사실을 알아냈다. 하지만 마른 DNA 분자에 대해서는 좀 더 관찰이 필요하다고 판단하고 발표를 미루었다. 그런데 그사이에 동료 과학자인 윌킨스Maurice Hugh Frederick Wilkins가 이 사진을 몰래 가져가 DNA 연구에서 일인자가 되고 싶어 안달하던 제임스 왓슨James Watson과 프랜시스 크릭Francis Harry Compton Crick에게 보여주고 말았다. 게다가 윌킨슨은 프랭클린이 다른 학교로 옮기는 틈을 타 사진과 관련된 계산 자료까지 모두 두 사람에게 넘겼다.

덕분에 왓슨과 크릭은 프랭클린이 X선에 노출되며 헌신적으로 연구해온 자료를 바탕으로 DNA 구조 모형을 만들어 세상에 내놓을 수 있었다. 기다란 사다리를 배배꼬아 놓은 듯한 DNA의 이중나선구조는 이후 유전의 비밀을 밝히고 생명복제가 어떻게 일어나는지를 밝히는 데 가장 중요한 기초를 닦아 주었다.

왓슨과 크릭이 만든 DNA 모형은 두 개의 리본이 마주 꼬인 모양 같은데, 리본과 리본 사이에는 2개의 염기가 결합된 염기쌍들이 이빨처럼 나란히 늘어서 있다. 어찌 보면 아주 긴 사다리를 꽈배기처럼 꼬아 놓은 모양 같기도 하다. 이런 DNA 모형에서 사다리의 발 받침대처럼 줄줄이 늘어선 막대 모양 속에 유전과 관련된 정보가 저장된다. 이 막대들은 아데닌, 티민, 구아닌, 시토신이라는 4

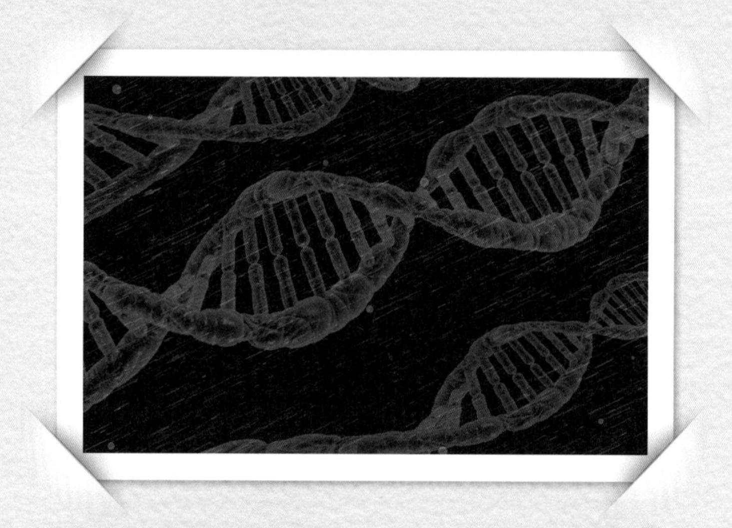

DNA의 이중나선 구조

기다란 사다리를 배배꼬아 놓은 듯한 DNA의 이중나선구조는 이후 유전의 비밀을 밝히고 생명복제가 어떻게 일어나는지를 밝히는 기초를 닦아 주었다.

가지 염기물질이 2개씩 짝을 이루어 결합한 것이다. 이 염기물질은 앞에서도 말했듯이 A, T, G, C라고 줄여서 부르고 이들을 한꺼번에 부를 때는 화학적 성질에 따라 염기, 혹은 염기쌍이라고 한다.

DNA 사다리의 막대들은 4가지 염기 중에서 A는 T와, G는 C와 짝을 이루어 생겨난 염기쌍이다. 이렇게 염기가 염기쌍을 이루어 사다리의 받침대처럼 줄줄이 배열되는 방식을 'DNA의 염기서열'이라고 한다.

어떤 염기서열에서든 A의 개수는 T의 개수와 같고, G의 개수는 C의 개수와 같다. 이것은 A는 T와, G는 C와 항상 짝을 이루는 성질 때문이고, '상보성 원리'라고 한다. 다시 말해 상보성 원리는 특정한 열쇠가 특정한 자물쇠 구멍에만 꼭 맞는 것처럼 A는 T와, G는 C와 서로를 보충하며 염기쌍을 이루는 성질이다. 이런 독특한 성질은 뒤에서 살펴보게 될 DNA 복제와 단백질 합성에서 아주 중요한 역할을 한다. 각각의 염기는 항상 상보적인 염기와 짝을 이루려고 하기 때문에 유전정보를 복제하거나 전달할 때 절반의 염기만 있어도 나머지가 절반이 자연스럽게 완성되기 때문이다.

염기서열이 중요한 이유는 서열에 따라 유전정보가 달라지기 때문이다. 즉 DNA 속의 다양한 염기서열은 생명체의 다양한 형질을 만드는 정보를 담고 있다. 예를 들어 사람의 CTAGCA…라는 염기서열이 곱슬머리를 만들도록 한다면, GATCGTG…라는 염기서열은 직모를 만들도록 하는 방식으로 작동한다. 컴퓨터에 비유하자면, DNA의 염기서열은 프로그램 언어와도 같다.

아무리 복잡한 프로그램도 결국 컴파일러가 이것을 번역해 1과 0으로 바꾸어 놓아야만 컴퓨터는 프로그램을 이해하고 작동한다. 오늘날 인간을 앞지르려 하는 인공지능도 겨우 1과 0이라는 두 숫자로 이루어진 디지털 부호로 움직인다. 반면에 생명체의 활동을 결정하는 프로그램은 A, T, G, C라는 4가지 염기가 전달하는 정보에 따라 움직인다. 인간의 몸에서 아무리 복잡하게 발현되는 형질도 그것을 만들도록 지시하는 DNA 안으로 들어가면 결국 A, T, G, C가 어떻게 늘어서는지에 따라 결정되는 것이다. 어쨌든 1과 0이라는 두 가지 숫자 부호로 돌아가는 인공지능에 비하면, 인체의 생명활동 프로그램은 훨씬 수준이 높다고 할 수 있다.

유전자, DNA, 염색체

염색체 안의 DNA 사진을 찍고, 모형을 만드는 데까지는 성공했지만 정작 유전자 자체를 한눈에 보기는 어렵다. 유전자는 DNA를 이루는 A, T, G, C라는 네 가지 염기로 쓰인 프로그램이기 때문이다. 우리는 A, T, G, C가 어떤 식으로 연결되면 이것이 특정한 유전

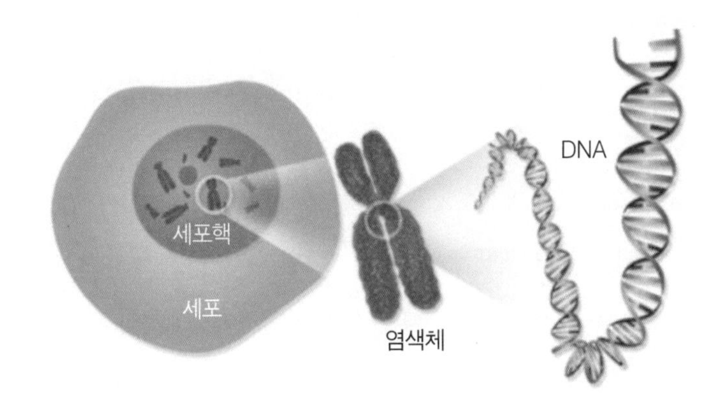

■ 세포, 핵, 염색체, DNA의 관계

자가 되어 몸의 일부분을 만들거니 질병을 일으킬 것이라고 추측하고 확인할 뿐이다.

인간이 휴머노이드humanoid, 인간을 닮은 로봇도 아닌데 A, T, G, C로 작성된 프로그램에 따라 움직인다고 하니 거부감이 생길 수도 있을 것이다. 하지만 인정하기 싫어도 우리 몸이 A, T, G, C로 이루어진 염기서열 프로그램에 따라 정확하게 움직이고 있는 것은 사실이다. 게다가 뒤에서 이야기하겠지만, 이제는 이런 염기서열 정보로 새로운 생명체를 만들어 내거나 나와 똑같은 인간을 복제하는 것도 가능하다. 어쩌면 인공지능을 만드는 프로그램보다 생명체를 만드는 염기서열 프로그램이 더 중요해지는 시대가 다가오고 있는지도 모른다.

이제 과학자들은 DNA는 A, T, G, C라는 염기들이 모여 이루어진 것이고, 유전자는 그 염기들의 서열과 관련 있다는 것을 알게 되었다.

위 그림은 염색체, DNA의 관계를 나타낸 것이다. 세포의 핵 속에 염색체가 있고, 염색체 속에는 DNA가 있다. 평소 DNA는 가느다란 실처럼 핵 속에 떠다니다가 핵이 쪼개져 세포가 둘로 나뉠 때가 되면 변화를 보이기 시작한다. 마치 실이 실패에 감기듯 히스톤histone이라는 단백질 덩어리 주위를 똘똘 감으면서 X자 모양 실뭉치처럼 된다. 이때 DNA가 뭉쳐서 이루어진 X자 모양 덩어리를 염색체라고 부른다. 즉 염색체는 X자 모양으로 뭉친 DNA와 히스톤 덩어리이다.

세포분열을 앞두고 DNA가 이렇게 뭉치는 이유는 새롭게 분열되는 딸세포에게 유전정보를 안전하고 정확하게 전달하기 위해서이다. 길게 풀어헤치면 2m에 가까운 DNA를 눈에 보이지도 않을 정도로 작은 세포핵 속에 마구 구겨넣다가 끊어지고 손상되기라도 하면 큰일이다. 그렇게 되면 손상된 유전정보를 받은 딸세포는 문제를 일으킬 수도 있고, 제대로 성장하기도 전에 죽어버릴 수도 있다. 이런 불상사를 막기 위해 유전정보가 담긴 DNA를 잘 모아서 뭉쳐둔 것이 바로 염색체다.

이해하기 쉽게 핵, 염색체, DNA, 유전자의 관계를 부등호로 나

구아닌 G
시토신 C
티민 T
아데닌 A
염기쌍

타내보면 다음과 같다.

핵 > 염색체 > DNA> 유전자

DNA를 이루는 염기들이 유전자로 활동하는 부분은 일부에 지나지 않는다. 놀랍게도 전체 DNA의 3%만 유전자로 활동하고, 나머지 97%는 쓰임새가 아직 밝혀지지 않았다. 이런 부분을 쓸모없다는 의미에서 '정크DNA'라고 부르기도 한다. 그런데 오늘날 신원 확인에 쓰이는 유전자 지문은 주로 정크DNA에 있는 염기서열로 확인하기 때문에 쓸모없다는 말은 틀린 표현이다. 아직 우리의 과학 지식으로는 정크DNA가 어디에 쓰이는지 밝혀내지 못하고 있을 뿐이다.

DNA를 책에 비유하면 이 책에는 A, T, G, C란 4가지 문자가 빼곡히 적혀 있다. 문자들이 늘어선 것을 통틀어 '염기서열'이라고 하는데 인간 유전자의 염기서열은 한 장에 1,000자가 들어간 1,000쪽짜리 책 3,300권과 비슷한 양이다. 문자들 중에서 서로 몇 개씩 뭉쳐 특별한 의미를 지닌 부분은 약 3만 개 정도이다. 바로 이 부분에 담긴 정보가 몸을 성장시키고 유지하는 데 필요한 단백질을 만들도록 지시하고, 후손에게 그대로 전해기 때문에 진정한 의미의 유전자다. 나머지는 대부분 정크 DNA이다. 진화한 동물일수록 정크 DNA가 많기 때문에 이 부분에도 알려지지 않은 특별한 기능이 있으리라고 추측한다.

우리의 DNA에 실린 약 3만 가지 유전정보는 피부나 눈동자 색깔, 키, 쌍꺼풀, 주근깨, 보조개, 타고난 질병 등 여러 가지를 결정한다. 사람의 유전정보는 총 46개의 염색체에 들어 있다. 정자나 난자처럼 후손을 만드는 일을 하는 생식세포를 제외한 모든 체세포는 46개의 염색체를 가지고 있다. 이것은 어머니로부터 받은 23개의 염색체와 아버지로부터 받은 23개의 염색체가 합쳐진 것이기 때문에 23쌍의 염색체가 있다고 표현하기도 한다.

한 생명체가 가진 모든 유전정보를 가리켜 '유전체', 혹은 '게놈genome'이라고 한다. 유전체는 유전자와 염색체가 합쳐진 이름이다. 결국 인간의 유전체란 23쌍의 염색체에 담겨 있는 모든 유전정보를 가리키는 말이다. 즉 엄마에서 받은 염색체 23개 1세트와 아빠에게서 받은 염색체 23개 1세트, 총 2세트로 이루어진 46개의 염색체에 담긴 정보를 뜻한다.

1990년이 되자 여러 나라의 과학자들이 힘을 합쳐 인간 유전체의 정보를 해독하려는 움직임이 일어났다. 그러니까 인간의 46개 염색체를 이루는 DNA 속에 자리 잡은 30억 쌍 염기서열을 모두 읽어내고, 몇 번 염색체의 어느 부분에 어떤 유전자가 있는지를 알아내려는 프로젝트였다. 이 사업은 '인간 게놈 프로젝트'라는 이름

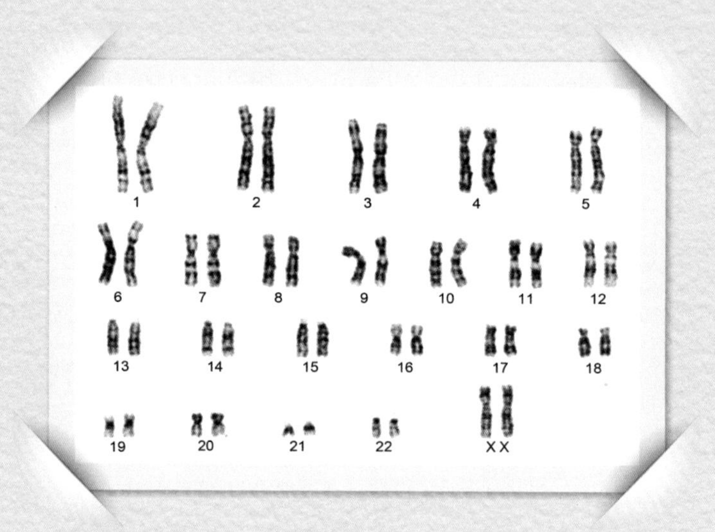

사람(여자)의 유전체

한 생명체가 가진 모든 유전정보를 가리켜 '유전체', 혹은 '게놈'이라고 한다. 유전체는 유전자와 염색체가 합쳐진 이름이다. 결국 인간의 유전체란 23쌍의 염색체에 담겨 있는 모든 유전정보를 가리키는 말이다.

으로도 불렸다. 세계 각국 과학자들과 생명공학 벤처기업 셀레라 제노믹스Celera Genomics사까지 힘을 합쳐 2001년 드디어 프로젝트를 완성했다. '인간 유전체 지도'가 완성된 것이다.

사라진 왕실 후손을 찾아낸 DNA

1833년 프랑스 파리에 한 남자가 나타나 죽었다고 알려진 루이 샤를 왕자가 사실은 자신이라고 주장했다. 그는 프로이센 출신의 시계제작자 빌헬름 난돌프였다. 루이 샤를은 1785년 프랑스 국왕 루이 16세와 왕비 마리 앙투아네트 사이에서 태어난 왕자였는데, 이미 40여 년 전에 죽은 것으로 되어 있었다. 하지만 그가 죽음에 이르는 과정에 대해 알려진 사실이 거의 없었기에 루이 샤를이 살아 있을 거라고 주장하는 사람들이 많았다. 심지어 자신이 루이 샤를이라 주장하면서 왕실의 유산을 타내려는 사기꾼들도 있었다.

루이 샤를이 4살 때인 1789년 프랑스 혁명이 일어났고 1793년 국왕 부부는 처형당했다. 루이 16세가 처형된 다음날, 왕당파는 그의 아들 루이 샤를을 새로운 프랑스 군주로 선포했지만, 혁명 지도자들은 이를 용납하지 않았다. 왕실이 다시 권력을 잡지 못하도록 어린 루이 샤를을 탕플 사원의 독방에 가두고 철저히 감시했다. 화장실도 없는 어둡고 더러운 방에서 감시원들의 학대를 받으며 지내던 루이 샤를은 잦은 병에 시달리다가 10세 때 의식불명 상태에 빠져 죽었다고 한다.

하지만 루이 샤를이 죽을 때 탕플 사원의 어두운 독방에서 무슨 일이 일어났는지를 정확히 이야기해 줄 사람은 없었다. 당시 루이 샤를은 뼈만 남을 정도로 야윈 데다 학대를 당해 온몸이 상처투성이였다고 기록한 검시관의 소견

서만이 남아 있을 뿐이었다. 그러다 보니 죽은 아이가 루이 샤를이 아니라고 주장하는 사람도 있었다. 그들은 죽은 아이가 다른 평민 소년이고, 루이 샤를은 옛 신하들과 친척의 도움으로 사원을 빠져나와 잘 살고 있다는 것이다.

루이 샤를 초상화

사실 살아남은 가족인 누나 마리 테레즈 샬로트조차 시신을 볼 수 없었기 때문에 죽은 아이가 진짜 루이 샤를인지는 아무도 장담할 수 없었다. 1880년대 초 왕정이 회복된 뒤 새로운 국왕은 루이 샤를의 시신을 찾으라고 명령을 내렸지만, 시신은 어디에서도 발견되지 않았다.

그런 상황에서 자신이 루이 샤를이라고 주장하고 나선 빌헬름 난돌프는 그 전에 나타났던 많은 사기꾼들과 달랐다. 일단 루이 샤를과 놀라울 정도로 닮은 분위기였고, 허벅지에 있는 반점 모양도 비슷했으며, 루이 샤를의 어린 시절 일화도 생생하게 기억하고 있었다. 게다가 왕실의 예절도 잘 알고 있었고, 말솜씨도 좋아 그와 이야기를 나누고 나면 대부분의 사람들이 난돌프가 일반 사람은 아닐 것이라고 믿었다.

난돌프의 주장에 따르면, 어린 루이 샤를은 아편에 취해 거의 기절한 상태에서 사원 밖으로 실려 나왔고, 그가 머물던 독방에는 또래의 아이를 몰래 넣어두었다는 것이다. 이후 그는 유럽을 떠돌며 살다가 1810년 베를린에 정착해 시계 제작자가 되었다고 주장했다.

어린 루이 샤를을 가르쳤던 가정교사나 루이 16세의 가신이었던 사람들은 난돌프와 이야기를 나눈 뒤 그가 진짜 왕자가 맞다고 확신했다. 하지만 샤를의 누나는 아예 난돌프와 만나는 것 자체를 거부했다. 그녀는 자신의 동생이 죽었다고 확신했기 때문이다.

난돌프는 프랑스 왕실의 재산에서 자기 몫을 챙기기 위해 소송을 벌였다. 그런데 이 소송을 위해 200여 개 문서를 위조한 사실이 발각되어 결국 영국으로 추방당하게 되었다. 하지만 그를 지지하는 많은 후원자들 덕분에 영국에서도 하인까지 두고 편안히 지내다 1845년 세상을 떠났다. 그의 비문에는 '여기 프랑스의 왕 루이 17세가 누워 있다.'라고 새겨졌을 정도였다.

결국 1992년 네덜란드의 한 과학자가 진실을 밝히는 일에 도전했다. 그는 1980년대에 개발된 유전자 분석법을 도입해 난돌프가 과연 프랑스 왕실 사람인지 확실한 증거를 찾으려 했다. 난돌프에 대한 기록을 살펴보니 1950년에 그의 시신이 든 관을 열고 오른쪽 위팔뼈와 머리카락을 한 줌 꺼내 검사했다는 이야기가 있었다. 그가 비소 중독으로 사망했는지를 조사하기 위해 한 일이었다. 다행히 그때 꺼낸 뼈와 머리카락이가 보관되어 있었기 때문에 난돌프의 DNA를 추출하는 것은 어렵지 않았다.

한편 루이 샤를의 외할머니는 16명의 자녀 머리카락이 각각 들어 있는 금메달이 달린 묵주를 유물로 남겼다. 한 수도원에 보관되어 있던 이 유물에서는 루이 샤를의 이모나 외삼촌의 머리카락만 겨우 빼낼 수 있었다. 과연 이들 머리카락에서 추출해낸 DNA는 난돌프의 DNA와 얼마나 일치했을까? 간단히 말하면 난돌프의 DNA는 루이 샤를의 외갓집 친척들의 DNA와 전혀 달랐다. 죽는 순간까지 자신이 루이 샤를이라고 주장했던 난돌프의 말은 거짓이었을까? 그의 가족과 추종자들은 큰 혼란에 빠져들었다.

더욱 결정적인 증거는 좀 더 나중에 밝혀졌다. 검시관이 탕플 사원에서 루이 샤를의 시신을 부검하면서 훔쳤던 심장이 유럽을 떠돌다 프랑스 왕가의 보물이 보관된 성당에 안장되었는데 이 심장이 가짜라는 소문이 떠돌았다. 소문의 진위를 밝히기 위해 루이 샤를의 어머니인 마리 앙투아네트의 머리카락이 소환되었다. 이 머리카락은 그녀의 친정인 오스트리아에 보관되어 있던 것이다.

심장과 머리카락에서 DNA를 추출해 검사한 결과, 유전자 지문이 모자관계로 볼 수 있을 정도로 일치했기 때문에 탕플 사원에서 죽은 소년은 마리 앙투아네트의 아들임이 밝혀졌다. 그러니까 더럽고 어두운 독방에서 쓸쓸하게 죽어간 소년이 루이 샤를이었고, 루이 샤를을 사칭하며 프랑스 왕가의 유산까지 물려받겠다고 소송을 벌인 빌헬름 난돌프는 희대의 사기꾼이었다. 그런데 지금도 이 결과를 받아들이지 않는 사람들이 여전히 있다고 한다.

02

유전자는 어떻게 생명체를 만들까?

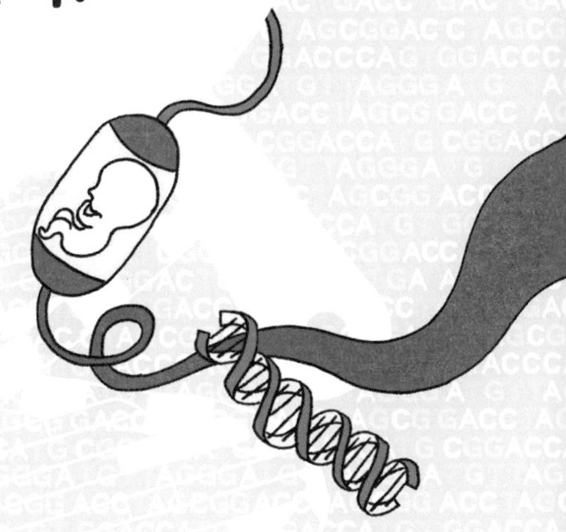

우리 몸을 만드는 단백질

모든 생명체는 세포로 이루어졌다. 사람은 약 100조 개의 세포를 가지고 있다. 이 세포들이 가지고 있는 염색체는 모두 같다. 부모의 정자와 난자가 결합된 하나의 수정란이 세포분열을 거듭해 모든 세포들이 생겨났기 때문이다. 따라서 사람의 세포 안에는 어머니로부터 받은 23개의 염색체와 아버지로부터 받은 23개의 염색체, 즉 23쌍의 염색체가 들어 있다. 염색체를 자세히 들여다보면 똘똘 뭉쳐 있는 DNA를 볼 수 있다.

이처럼 우리 몸의 모든 세포들이 23쌍의 똑같은 염색체를 가지고 있는데도 간은 간대로, 심장은 심장대로 모양이나 기능은 다르다. 전체적으로 모두 같은 유전정보를 가지고 있지만, 자신의 위치와 기능에 따라 각기 다른 일부 유전자만 꺼내 쓰기 때문이다.

인간 유전체에 저장된 3만여 개의 유전자 중에서 하나의 세포가 활용하는 유전자는 극히 일부분에 지나지 않는다. 다시 말해 세포는 핵 속에 들어 있는 23쌍의 염색체를 이루는 DNA 중에서 자신이 필요한 일부분만을 참고하며 활동하고 있다. 간세포는 간을 만들고 복구하기 위해 필요한 부분만 참고하고, 심장 세포는 심장을 만들고 복구하기 위해 필요한 부분만을 참고하는 것이다. 마치 사람들이 집을 지을 때 설계도를 보고 방, 거실, 부엌을 구별해서 만들 듯 우리 몸도 세포마다 똑같이 들어 있는 DNA를 참고해서 간에 필요한 성분을 만들기고 하고 심장에 필요한 성분을 만들기도 한다. 즉 DNA에서 참고로 하는 부분에 A, T, G, C가 어떤 순서로 결합했는지에 따라 뼈를 만들기도 하고, 근육이나 피부를 만들기도 하는 것이다.

우리 몸이 DNA의 유전정보를 참고하며 만드는 10만 종이 넘는 물질에는 하나의 공통점이 있다. 모두 단백질이라는 사실이다. 우리 몸을 이루는 장기와 근육, 피부, 머리카락, 손톱이 모두 단백질로 이루어졌기 때문이다. 뿐만 아니라 단백질은 생명을 유지하고 성장하는 데 필요한 에너지도 만들고, 감염을 막아주고, 음식을 소화시키는 물질도 만든다. 따라서 DNA는 생명활동에 필요한 단백질을 만드는 설계도라고도 할 수 있다.

우리 몸의 각 기관뿐만 아니라 몸이 자라고, 음식물을 소화시키는 데 필요한 효소나 호르몬도 단백질로 이루어진다. 효소는 세포 안에서 일어나는 여러 가지 화학 반응이 빠르게 일어나도록 유도하고, DNA를 복제하거나 손상된 DNA를 복구하는 데도 중요한 역할을 한다. 그때그때 필요한 효소가 다르기 때문에 효소의 종류는 아주 많다.

단백질로 이루어진 또 하나의 중요한 물질인 호르몬은 뼈와 근육이 자라도록 돕고, 소화나 심장 박동에도 관여한다. 2차 성징에도 관여해 남자는 수염이 나고 목소리가 굵어지게 하고 여자는 가슴과 골반이 커지고 생리를 시작하게 만든다.

질병을 이기고 몸에 침입한 세균이나 바이러스를 물리치는 항체를 만들 때도 단백질은 꼭 있어야 한다. 이처럼 쓰임새가 다른 다양한 단백질을 적절히 만들 수 있으려면 우리 몸의 모든 세포에는 DNA라는 멋진 설계도가 들어 있어야 한다. DNA에 기록된 정보에 따라 만들어지는 단백질은 우리 몸이라는 건축물을 차곡차곡 쌓아 올리기 위한 벽돌이라고도 할 수 있다.

해결사 RNA

세포 안에 있는 여러 가지 재료로 다양한 단백질을 만들려면, 세포핵 속 DNA에 담긴 설계도를 핵 밖으로 가지고 나와야 한다. 하지만 설계도가 담긴 DNA를 통째로 가지고 나오기에는 세포의 핵에 있는 문이 너무 작다. 이 문은 '핵공'이라 불리는 아주 작은 구멍이다.

이때 해결사로 등장하는 것이 RNA리보핵산이다. 앞에서도 말했지만 DNA의 대부분은 우리가 의미를 알지 못하는 정크DNA다. 실제로 필요한 유전자 정보를 담고 있는 것은 일부에 지나지 않는다. 만일 그중에서도 소화효소를 만들 유전자 정보만 필요하다면 DNA에 담긴 염기서열 중 이에 해당하는 아주 작은 일부분만 있으면 된다. 이럴 때 RNA가 나서서 필요한 부분만 복사를 해서 핵 밖으로 가지고 나온다. RNA가 특정한 유전자를 복사하는 과정을 '전사轉寫'라고 하는데, 전사란 한자어의 뜻을 풀어보면, '옮겨 베낀다'는 뜻이다.

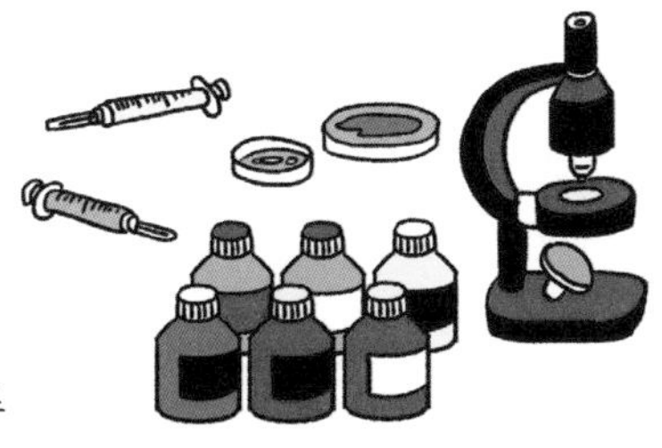

RNA가 DNA에서 필요한 부분만 전사하는 과정은 좀 특이하다. DNA가 A, T, G, C라는 4가지 염기로 이루어졌기 때문에 이것을 전사하는 RNA도 4가지 염기로 이루어져 있다. 하지만 RNA에서는 T티민 대신에 U우라실을 사용하기 때문에 RNA는 A, T, G, C가 아니라 A, U, G, C라는 4가지 염기를 이용해 DNA의 내용을 베껴낸다. 그리고 두 가닥으로 배배꼬여 이중나선 구조를 이루는 DNA와 달리 항상 한 가닥으로 다닌다.

짤막한 한 가닥 형태로 DNA의 정보를 베껴서 핵공을 통해 가지고 나오는 RNA는 특별히 메신저messengerRNA라 부른다. 표기할 때는 메신저의 머리글자를 따 mRNA라 쓴다. 이때 메신저란 의미로 붙은 m은 'DNA에 담긴 정보의 전달자'란 뜻이기 때문에, mRNA를 전령RNA라고도 한다.

세포핵 속에서 특정한 단백질을 만들기 위해 DNA의 일부분이 전사되는 과정을 살펴보면 다음 그림과 같다.

1. DNA 중에서 특정한 단백질을 만들기 위한 유전자가 있는 부분을 RNA중합효소가 감싼다.
2. RNA중합효소의 작용으로 DNA의 이중나선이 풀린다.
3. DNA의 이중나선 중 한 가닥을 거푸집 삼아 이 가닥에 배열된 염기와 상보적인 짝짓기를 하는 염기를 하나씩 불러들여 mRNA를 만든다.(예를 들어 DNA상 염기 C, T, G, A가 있으면, 각 염기에 상보적으로 대응하는 G, A, C, U로 베껴 mRNA를 만든다. mRNA를 만들기 위해 상보적인 대응을 할 때에는 T가 올 자리에 U가 온다는 것을 알 수 있다. 'C, T, G, A'로 구성되는 DNA와 달리 RNA는 'C, U, G, A'로 구성되기 때문이다.)
4. DNA의 염기서열을 그대로 전사한 mRNA가 완성되면 세포핵 밖으로 나오고 풀렸던 DNA 이중나선은 다시 연결된다.

mRNA가 DNA의 일부 정보를 베껴 세포핵 밖으로 빠져나오면, 이 정보에 따라 다양한 단백질이 만들어진다. 이 과정을 통해 알 수 있는 사실은 DNA는 유전정보를 저장하는 장치이고, RNA는 이 유전정보에서 필요한 부분만 가지고 다니며 이용하기 위한 장치란 것이다.

mRNA의 역할은 메신저이기 때문에 핵 밖으로 빠져나온 뒤부터는 은퇴를 결정한다. 분자 구조상 메신저 역할을 하는 데 최적화되어 있기 때문에 단백질을 만드는 일에는 관여하지 않는다. 그래서 자신이 DNA로부터 베낀 염기서열을 세포질 안에 있는 리보솜으로 가져가 마치 설계도를 넘겨주듯 맡기고 나서는 아무 일도 하지 않는다. 마치 DNA의 정보를 전사해서 이동하는 과정에 모든 에너지를 쏟아 부었으므로 더 이상 쓸 힘이 남아 있지 않다는 듯이 정지해 버리면, 이때부터 리보솜이 움직이기 시작한다.

단백질을 만드는 공장 리보솜

리보솜은 단백질을 만드는 공장이다. rRNA(리보솜 RNA)와 도우미 역할을 하는 단백질로 구성되어 있다. rRNA는 mRNA가 가져온 정보에 맞는 tRNA(운반 RNA)를 골라 짝을 맞추어 주는 중매자이기도 하다. 만약 어울리지 않는 tRNA가 리보솜 안으로 들어오면 쫓아내는 일도 한다. 이때 쫓겨나지 않은 tRNA는 mRNA가 가지고 있는 설계도에 맞는 재료를 가져와 적절한 단백질을 만들어낸다.

리보솜 안으로 들어온 tRNA는 mRNA가 가진 염기서열을 세 개씩 한 조로 끊어서 확인하는데, 이때 한 조를 이루는 염기서열을

'코돈'이라고 부른다. mRNA가 가지고 있는 염기인 G, A, C, U로 만들어지는 코돈은 모두 64가지이다. 코돈은 유전 암호이고, tRNA는 코돈의 64가지 암호를 해독해 각 암호에 알맞는 아미노산을 가져와 특정한 단백질이 만들어지도록 한다. 이때 아미노산은 단백질을 구성하는 기본단위이고 모두 20여 가지가 있다. 이 아미노산의 연결방법이나 순서에 따라 다양한 단백질이 만들어진다.

예를 들어, 'AAA'나 'AAG'라는 코돈이 있으면, tRNA는 그것을 '라이신을 만들라'로 번역하고, 그에 알맞은 재료를 리보솜에 전달한다. 라이신은 우리 몸 안에서 항체, 호르몬, 효소 등을 만드는 단백질이다. 이렇게 라이신이 만들어지는 과정은 'AAA 혹은 AAG 유전자 발현'이라고 한다. 즉 '유전자 발현'이란 유전자 정보에 따라 생물체를 이루는 다양한 단백질이 만들어지는 과정이다.

단백질은 우리 몸을 이루는 재료일 뿐만 아니라, 몸 안에서 일어나는 반응이나 에너지 흐름과 관련된 항체, 호르몬, 2,000종이 넘는 효소를 만드는 데도 쓰인다. 따라서 유전자는 이런 단백질을 만드는 프로그램이이자 우리 몸이 자라면서 생명활동을 해나가는 데 필요한 기본적인 설계도라 할 수 있다.

지금까지 살펴보았듯이 DNA의 유전정보를 RNA가 전사해 그 정보에 따라 단백질을 만드는 과정을 '생물학의 중심원리central dogma'라 부른다. 아마도 모든 생명체에서 공통적으로 일어나는 가장 기본적인 현상이기 때문에 붙은 이름 같다. 유전학이 발달하던 초기에는 유전정보가 '생물학의 중심 원리'에 따라 움직인다고만 여겼다. 즉 유전정보는 항상 DNA에서 RNA를 통해 단백질을 만드는 방향으로만 흐른다는 생각이 지배적이었다. 하지만 이후 다양한 연구를 통해 그렇지 않은 경우도 있다는 것이 밝혀졌다. 예를 들어 RNA나 특정한 단백질이 오히려 DNA에 영향을 주는 경우도 있다.

어쨌든 DNA와 RNA가 함께 일하는 이런 원리는 사람뿐만 아니

■ 생물들의 염색체 수

라, 지구상에 사는 거의 모든 생명체의 생명활동에 적용된다. 그런데 이처럼 원리에 따르는 생명활동을 한다고 해도 전체 염색체 수에서는 종마다 많은 차이가 난다.

사람의 염색체 수는 모두 46개이고, 이 염색체들을 이루는 DNA에는 약 3만 개의 유전정보가 기록되어 있다. 그러니까 여러분의 몸에 약 100조 개의 세포들이 있고, 각 세포들마다 46개의 염색체가 들어 있으며, 그 안에서 약 3만 개의 유전정보가 활동하며 생명을 이어가고 있다.

세포분열

우리의 생명이 유지되려면 몸을 이루는 약 100조 개의 세포들이 쉼 없이 활동해야 한다. 보통 세포 하나의 생명은 길어봤자 200일 정도다. 그래서 그전에 자신과 똑같은 딸세포를 만들어 두 개로 나뉘어야만 새로운 세포로 살아남을 수 있다. 이것을 '세포분열'이라고 한다.

우리 몸이 살아있는 동안 세포분열은 계속되기 때문에 아이는 자라 어른이 되고, 상처 부위도 아문다. 낡은 세포를 새로운 세포가 대신하는 좋은 예는 피부 세포다. 피부 세포는 우리 몸의 다른 세포들과 달리 바깥 세상에 그대로 노출되어 있어 그만큼 상처 입기 쉽고 노화도 빨리 일어난다. 그래서 피부에서는 늙은 세포가 새로운 세포로 교체되는 속도도 아주 빠르다. 이때 생명력을 잃어 더 이상 분열하지 못하는 낡은 세포는 비듬이나 때 같은 형태로 떨어져 나온다.

하루가 다르게 몸이 쑥쑥 자라는 태아의 체세포 대부분은 100번 정도 분열하고, 노인의 체세포는 20~30번 정도 분열한 뒤 죽는다. 가끔 아무리 분열해도 죽지 않는 세포가 돌연변이로 나타나기도 한다. 돌연변이는 세포분열 때 DNA가 복제되는 과정에서 염기서열 중 하나가 빠지거나 같은 염기서열이 중복되거나 순서가 바뀌는 현상이다. 대부분 해롭지도 않고 큰 영향을 끼치지도 않지만, 중요한 유전자에서 돌연변이가 일어나면 몸에 치명적인 변화를 일으킨다.

예를 들어 근육을 만드는 데 도움이 되는 글루타민을 만드는 유전자의 염기서열 'CAG'의 경우를 살펴보자. 이 염기서열을 전사할 때 돌연변이가 일어나 C가 T로 바뀌면 어떻게 될까? mRNA는 이 염기서열을 'UAG(RNA는 T대신 U를 사용한다)'로 전사해 세포핵 밖으로 가지고 나올 것이다 그러면 리보솜은 이 정보를 바탕으로 일하기 시작하는데, 안타깝게도 'UAG'는 '단백질 합성중지'를 뜻하는 코돈이다. 이 암호를 받은 리보솜은 새로운 단백질을 합성하기도 전에 중지 명령을 받았으니 공장문을 열기도 전에 폐업 통보를 받은 꼴이 되고 만다. 이런 돌연변이로 글루타민이 인체 내에서 합성되지 않으면 근육 손실은 물론이고, 빈혈로도 이어질 수 있다.

그런데 이런 돌연변이 과정으로부터 유전자와 관련된 수수께끼를 풀 실마리가 발견되었다. 앞에서 우리 몸은 64가지 코돈 암호를 해독해 20가지 아미노산을 만든다고 했다. 이 말은 한 가지 단백질을 만드는 데 몇 가지 다른 코돈들이 동의어처럼 쓰이고 있다는 뜻이다. 예를 들어 글루타민이란 아미노산 합성을 지시하는 코돈만 해도 'CAG'와 'CAA' 두 가지이다. 이것은 '엄마'와 '모친'이 겉보기에는 달라도 뜻은 같은 것과 비슷한 상황이다.

그렇다면 염기 하나만 살짝 바꾼 코돈들을 같은 아미노산 합성을 지시하는 암호로 사용하는 이유는 무엇일까? 과학자들은 갑자기 일어날지 모르는 돌연변이에 대비하는 자연의 지혜라고 추측한다. 예를 들어 'CAG'에서 돌연변이가 일어나 'CAA'로 바뀐다 해도 여전히 글루타민 합성을 지시하는 유전 암호로 쓰일 수 있어 아무런 문제가 되지 않는 것이다. 마치 코돈들이 돌연변이라는 사고를 칠 줄 알고, 미리 대비책을 마련해 둔 것과도 같다

사실 우리 몸에는 돌연변이에 대한 대비책이 또 하나 있다. 사람의 염색체 23쌍이 상동염색체로 이루어졌다는 사실이다. 상동염색체는 양부모로부터 각각 한 개씩 물려받아 모양도 크기도 같은 한 쌍의 염색체를 말한다. 우리 몸을 이루는 모든 세포에 들어있는 염색체 46개(23쌍)중 23개는 어머니에게서, 또 다른 23개는 아버지에

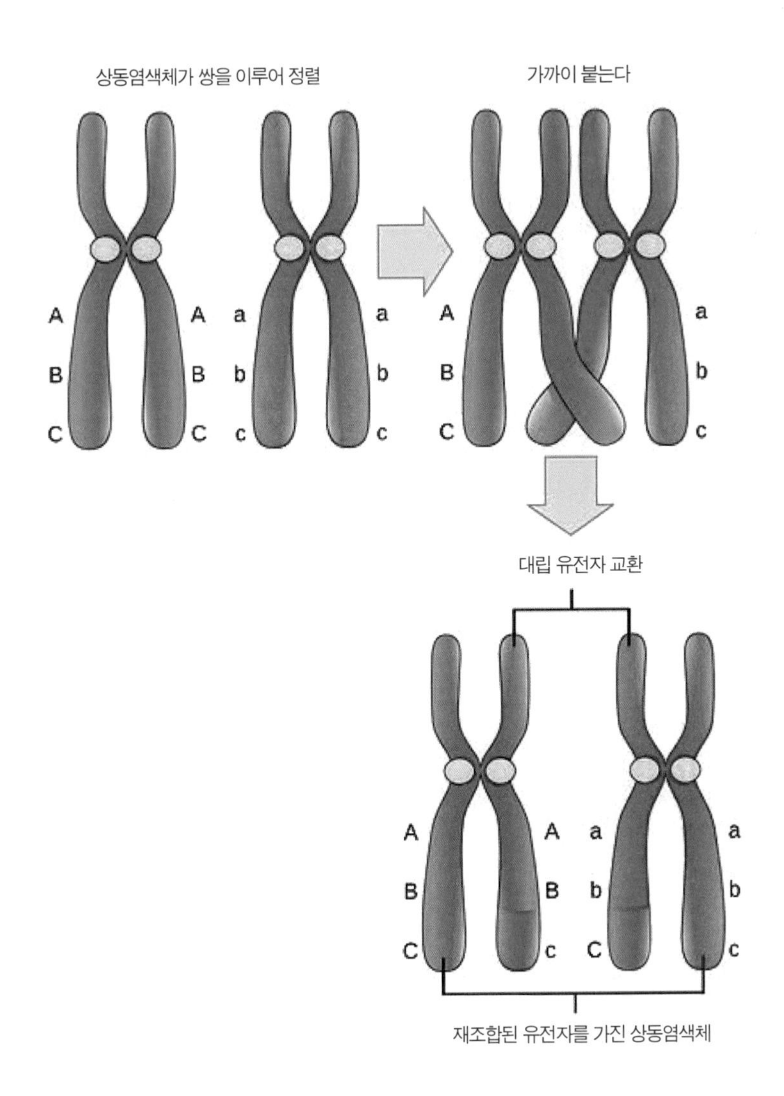

■ **대립유전자와 상동염색체**

게서 받은 것이다. 이 염색체들이 23쌍을 이룰 때 각 쌍은 상동염색체로 이루어졌기 때문에, 앞의 그림과 같이 같은 위치에 같은 형질을 결정하는 유전자를 갖는다. 이때 같은 형질을 결정하는 서로 다른 두 유전자를 대립유전자라고 하며 대립유전자 중에서 우선 몸에서 표현되는 것을 '우성'이라 한다. 예를 들어 귀 모양을 결정하는 대립유전자 중에서 부처님 귀처럼 귓불이 늘어진 귀는 그렇지 않은 귀보다 우성이다. 그리고 대립유전자 2개는 상동염색체 상에서 항상 같은 위치에 있다.

만일 앞 그림의 상동염색체 중 하나에서 돌연변이가 일어나도 대부분은 큰 문제가 되지 않는다. 다른 하나에서는 여전히 정상적인 대립유전자가 우성으로 작동하기 때문이다. 하지만 종양 억제 유전자를 지닌 상동 염색체의 두 대립유전자에서 모두 돌연변이가 일어나면 세포분열을 멈추지 않는 암세포가 되기도 한다. 발암물질이나 방사선이 이런 돌연변이를 일으키기도 하는데 암이야말로 가장 나쁜 돌연변이의 예라고 할 수 있다.

DNA를 퍼뜨리는 방법

세포분열을 지시하는 것은 세포핵 속의 DNA다. DNA가 하는 일은 크게 두 가지다. 첫 번째는 앞에서 이야기한 것처럼 RNA를 통해 핵 밖으로 유전정보를 내보내 생명활동에 필요한 단백질을 만드는 것이고 두 번째는 자신과 똑같은 DNA를 만들어 퍼뜨리는 것이다.

DNA를 퍼뜨리는 방법도 크게 두 가지로 나눌 수 있다. 첫 번째는 자신과 똑같은 딸세포를 만들며 두 개로 나뉘는 것으로, '체세포분열'이라고 한다. 우리가 보통 세포분열이라고 하는 것은 체세포분열을 뜻한다. 두 번째는 생식세포를 만들어 후손을 남기는 과정으로 '감수분열'이라고 한다.

먼저 체세포분열에 대해 알아보자.

세포가 두 개로 나뉘는 체세포분열에서 가장 중요한 것은 자신이 가지고 있는 것과 똑같은 유전정보를 한 벌 더 만드는 일이다. 그래야만 딸세포가 이것을 가지고 떨어져 나가 정상적인 세포로서 기능을 할 수 있기 때문이다. 딸세포를 만들어 분열할 때 유전정보를 챙겨주는 것처럼 중요한 일도 없을 것이다. 유전정보가 없는 세포는 프로그램이 깔리지 않은 컴퓨터와 같기 때문이다. 프로그램이 없는 컴퓨터는 아무 일도 하지 못하는 고철 덩어리에 지나지 않는 것처럼 핵 속에 유전정보를 지니지 않은 세포는 자신이 무엇을 할지 모른 채 생명체에서 자리만 차지하게 된다. 그것은 세포라기보다는 몸 밖으로 밀어내야 할 찌꺼기에 지나지 않는다.

세포가 자신과 똑같은 딸세포를 만들어 분열할 때가 되면, 준비 작업을 시작한다. 우선은 하나의 세포를 더 만들기 위해 재료부터 갖추어야 한다. 자신이 가진 것 중 절반을 나누어주면 되겠지만 절대로 나누어줄 수 없는 것이 있다. 그것은 자신의 유전정보를 담은 DNA다.

우리가 지금 잘 돌아가고 있는 컴퓨터 프로그램을 가지고 있다고 상상해보자. 그런데 이 프로그램의 절반을 다른 사람에게 주려고 잘라내서 새로운 프로그램을 만들면 어떻게 될까? 아마도 원래 프로그램과 잘라낸 프로그램은 둘 다 사용하지 못하게 될 것이다. 단 몇 줄만 잘못 코딩해도 오류가 생겨 돌아가지 않는 것이 프로그램이기 때문이다. 만일 코딩한 내용의 절반이 사라진다면 프로그램은 완전히 망가지게 된다.

우리 몸을 지배하는 프로그램인 DNA도 마찬가지다. DNA를 이루는 30억 쌍 염기를 그대로 베껴내지 않으면 자신과 똑같은 세포를 만들 수 없다. 이 중에서 단 몇 쌍의 염기가 빠지거나 배열이 달라져도 비정상적인 세포가 나타나고, 이런 세포들은 신체의 특정한 부분을 망가뜨린다. 그래서 세포가 분열하기 전에 가장 먼저 할 일은 자신과 똑같은 유전정보가 담긴 DNA를 한 벌 더 만드는 것이다. 즉 세포분열은 스스로 DNA를 복제하는 것에서부터 시작한다. 그 과정을 3단계로 나누어보면 다음과 같다.

1단계

배배 꼬인 사다리 모양의 DNA가 곧게 펴지면서 양쪽으로 나뉘어 두 가닥으로 풀어진다.

2단계

두 개의 분리된 가닥을 따라 폴리머라아제라는 종합효소가 달라붙는다. 폴리머라아제는 풀 같은 역할을 하면서 반으로 잘려진 DNA 사다리의 계단을 복구하기 시작한다. 잘려진 계단에 남아 있는 염기에 맞는 상보적인 염기를 붙여주어서 DNA가 다시 원래의 사다리 모양을 갖추도록 한다.

3단계

상보성 원리에 따라 새로 완성된 DNA 사다리가 꽈배기처럼 꼬이면서 이중나선 구조를 갖추게 된다. 두 가닥으로 풀어졌던 DNA의 각 가닥이 나머지 반쪽을 만들어 두 개의 DNA로 복제되었다. 복제된 DNA 두 개는 서로 똑같은 염기서열을 가지고 있으며, 전체 DNA 양은 두 배가 되었다.

DNA는 가늘고 길어 부서지기 쉽다. 어쩌면 세포핵은 이처럼 약한 DNA를 보호하기 위한 주머니일지도 모른다. 핵 속에서 가는 실처럼 둥둥 떠다니던 DNA가 세포분열을 앞두고 두 배로 불어나면, 핵 속은 어지러운 상태가 된다. 마치 꼬불꼬불한 실이 잔뜩 엉켜 있는 것과 비슷하다. 나중에 딸세포에게 나누어주려면 이 실이 끊어지거나 꼬이지 않게 정리해서 똑같이 나누어 주어야 한다.

이때부터 DNA는 히스톤이라는 단백질 덩어리 주변을 감기 시작한다. 마치 실패에 실이 감기듯 DNA가 감긴 히스톤 덩어리들끼리 모이면, X자 모양의 염색체가 완성된다. 세포 안에 DNA란 실이 감겨 있는 뚱뚱한 실패 같은 염색체가 나타나면, 분열할 준비가 다 된 것이라고 할 수 있다.

오른쪽의 그림은 염색체가 나타난 이후 세포분열이 일어나는 과정을 4단계로 나누어 그려본 것이다.

세포분열에서 가장 중요한 것은 스스로 DNA를 복제해 똑같이 나누어 주는 과정이다. 이렇게 해서 자신과 똑같은 유전정보를 가진 세포가 두 배로 늘어나면 자신의 DNA를 퍼뜨릴 수 있다. 세균처럼 단 하나의 세포로 이루어진 생명체는 따로 후손을 만들지 않고, 체세포분열을 통해 개체 수를 늘리며 살아남는다. 사람 같은 다세포 동물은 세포 수를 늘려 성장하고 신체 중 손상된 부위를 복구하기 위해 체세포분열을 한다. 후손을 만들 때는 감수분열이라는

1단계

우리 몸에서 체세포분열이 시작되면, 세포핵 속의 DNA는 양을 두 배로 늘린 뒤 스스로를 실패에 감긴 실꾸러미처럼 포장한다.

2단계

이때부터 세포는 지구본과 모양이 비슷해진다. 염색체 23쌍이 적도 부분을 둘러싸며 한 줄로 늘어선다. 그리고 극지방에 해당하는 세포핵 양끝에서 방추사라는 가느다란 단백질이 나와 염색체와 연결된다. 그 모양이 마치 지구본의 경도선과 비슷하다.

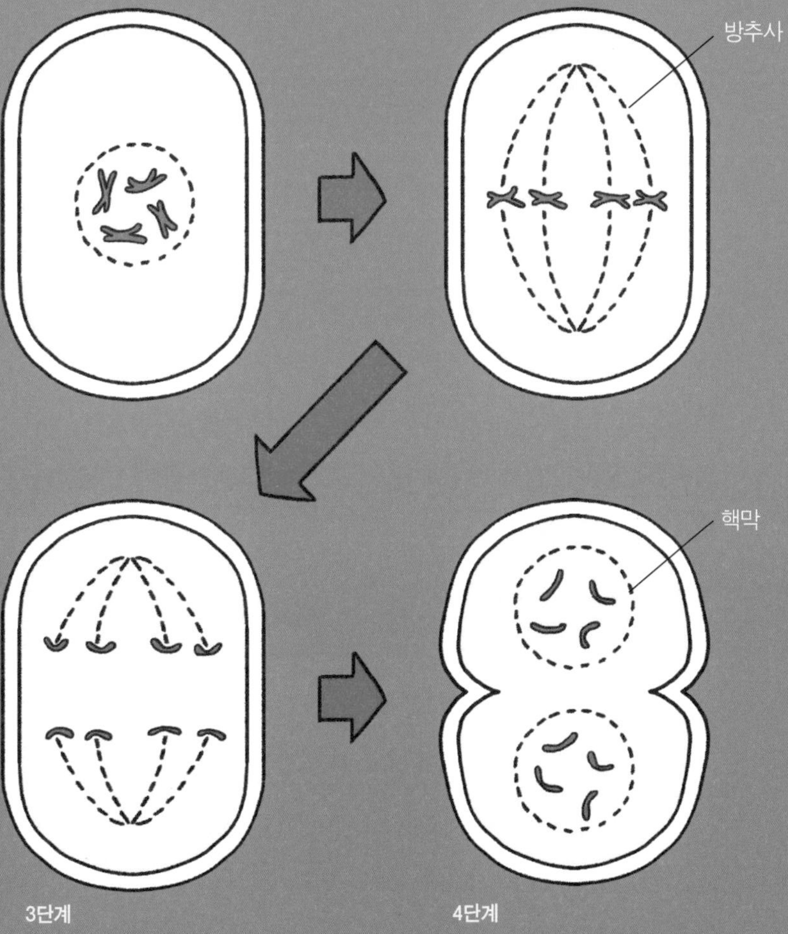

3단계

방추사가 양극 지방 쪽으로 염색체를 잡아당기면, 각 염색체의 가운데가 뚝 끊어진다. 절반의 염색체는 북극 가까이에, 나머지 절반의 염색체는 남극 가까이에 모인다.

4단계

양극 쪽으로 갈라진 각각의 염색체 23개씩을 둘러싸고 따로따로 핵막이 생기면서 세포가 분열된다.

■ **세포분열 과정**

좀 다른 방법을 사용한다. 감수분열에 대해선 다음 장에서 알아보도록 하자.

유전자 폭발

사람이 가지고 있는 염색체 23쌍은 상동염색체로 이루어져 쌍을 이루는 두 개의 염색체끼리 서로 닮아 있다. 그런데 염색체를 크기순으로 늘어놓으면 가장 마지막에 번호를 붙이지 않은 특이한 염색체가 온다. 이 염색체는 성염색체로, 여자는 XX로, 남자는 XY로 나타낸다. 남자의 경우 Y염색체가 X염색체에 비해 훨씬 작아 상동염색체가 맞는지 의문이 들 정도이다. 성별을 가르는 이 염색체의 순서는 23번째에 오지만 실제 크기는 전체 염색체 중에서 중간 정도이다.

이제 우리가 부모로부터 염색체를 물려받는 과정에 대해 생각해보자. 우선 아버지의 생식세포인 정자가 어머니의 생식세포인 난자와 결합하는 '수정'이 일어나야 한다. 이것은 생물진화 단계에서 서로 부족한 유전정보를 보완하기 위해 세포들끼리 달라붙던 현상에서 비롯된 것이다. 자신에게 없는 유전자를 가진 다른 세포를 찾아가기 위해 정자라는 생식세포에는 꼬리가 생겼다. 이 꼬리를 지느러미처럼 흔들면 목표물을 향해 나아갈 수 있게 된 것이다. 물론 난자도 처음에는 정자를 찾아가기 위해 꼬리가 있었지만, 진화과정에서 꼬리를 떼어내고 몸집을 키웠다. 짝을 찾아가는 일은 정자에게 맡기고, 좀 더 건강한 후손을 만들기 위해 양분을 저장하고 기능을 튼튼히 하는 쪽으로 변한 것이다.

정자와 난자의 수정이 일어나면, 아버지로부터 온 DNA와 어머니로부터 온 DNA가 합쳐진다. 서로 다른 유전자가 합쳐지면, 부족한 점을 보완해 더 나은 후손을 만들 수 있다. 그리고 이렇게 해서 다양한 항체나 면역력을 갖춘 후손이 태어나면, 자신의 DNA를 널리 퍼뜨리는 데 유리하다.

그런데 문제는 부모의 DNA가 담긴 염색체를 내가 모두 물려받으면 핵폭발 사고가 일어날 수도 있다는 사실이다. 여기에서 말하는 핵폭발은 원자폭탄이나 수소폭탄이 아니라 말 그대로 세포핵이 폭발하는 사고이다.

만일 어머니의 염색체 23쌍과 아버지의 염색체 23쌍을 모두 물려받으면 우리는 46쌍, 즉 92개의 염색체를 갖게 된다, 애초에 우리가 세포 안에 가지고 있는 23쌍, 즉 46개의 염색체는 2m에 이르

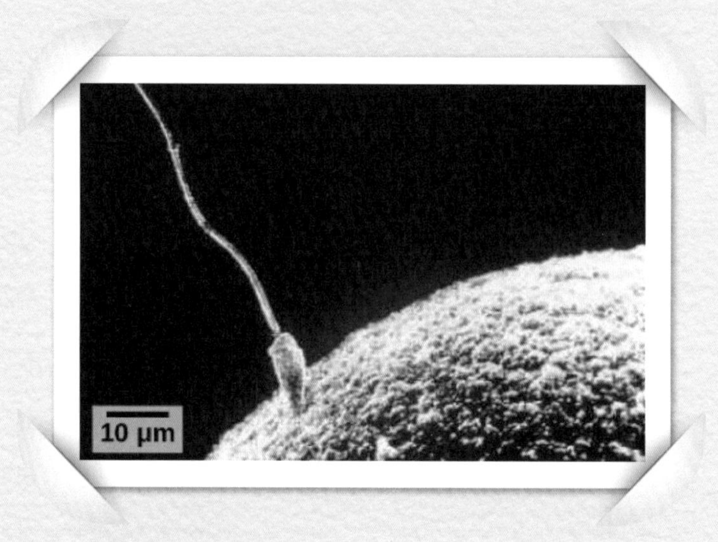

수정의 순간 © CNX OpenStax

는 DNA를 46조각으로 잘라 포장한 것이다. 그런데 양쪽 부모에게 염색체를 23쌍씩 물려받아 46쌍, 즉 92개의 염색체를 갖게 되면, 세포핵 속에는 두 배로 불어난 4m짜리 DNA가 들어가게 된다. 2m짜리 DNA를 겨우 넣어둔 세포핵에 4m짜리가 들어가면 세포핵은 찢어지고 말 것이다. 그리고 이런 식으로 계속 염색체를 물려주면, 그 다음 후손은 자신의 세포핵 속에는 8m짜리 DNA를 집어넣어야 하고, 그 다음다음 후손은 세포핵 속에는 16m짜리 DNA를 집어넣어야 한다. 이쯤 되면 세포핵은 찢어지는 정도가 아니라 폭발하고 말 것이다.

우리 몸은 이런 일을 막기 위해 정소나 난소에서 만들어지는 생식세포, 즉 정자나 난자의 염색체 수를 조절하게 되었다. 생식세포를 만드는 세포분열에서는 DNA의 수를 반으로 줄이는 감수분열을 하게 된 것이다.

생식세포의 감수분열

감수분열 과정을 살펴보면, 세상에 생명활동 체계처럼 똑똑한 시스템이 없다는 것을 알게 된다. 애초에 서로 다른 배우자의 생식세포들끼리 결합하는 것은 부족한 유전정보를 보완하며, 다양한 유전형질을 표현하기 위해서이다. 만일 두 생식세포가 합쳐질 때마다 똑같은 유전정보를 절반씩 내놓으면, 형제가 몇 명이 태어나도 모두 같은 유전자 조합을 가지게 된다. 이런 현상을 막기 위해 감수분열 초기에는 상동염색체끼리 서로 달라붙는 현상이 일어난다. 앞에서 말했듯이 상동염색체는 양부모로부터 각각 한 개씩 물려받은 것이다. 그런데 감수분열 때 이 두 염색체가 달라붙어 서로의 대립유전자들을 교환하는 교차가 일어난다. 어머니와 아버지에게서 받은 염색체를 임의로 서로 섞어 스스로 '유전자 재조합'을 일으키는 것이다. 이 과정에서 섞이는 유전자가 그때그때 다르기 때문에 똑같은 부모로부터 유전자를 물려받은 형제나 자매의 얼굴과 성격이 달라진다. 감수분열이 일어날 때마다 새롭게 유전자 재조합을 거친 상동염색체들이 따로따로 생식세포에 들어가기 때문에 자식 세대의 몸에는 그만큼 더 다양한 유전체가 나타나게 된다.

이런 과정이 반드시 더 나은 유전자를 만들어낸다고 볼 수는 없다. 임의로 일어나는 유전자 재조합 과정에서 질병 유전자 같은 것들이 집중적으로 나타날 수도 있기 때문이다. 하지만 인류 전체가 오랜 시간 동안 이 과정을 되풀이하다 보면 그만큼 다양한 유전체가 만들어진다. 이런 다양함은 인간이란 종 자체가 지구상에서 살아가기에 유리하도록 진화하는 데 큰 도움이 된다.

DNA 수를 줄이는 감수분열 과정이 끝나면, 남자의 경우 하나의 생식세포에서 4개의 정자가 생기고 여자의 경우 하나의 생식세포에서 4개의 딸세포가 생기는데 이 중 1개만 난자로 활동하고 나머지 3개는 퇴화해 사라진다. 정자와 난자에는 염색체가 각각 23개씩만 있다. 하지만 정자와 난자가 수정이 되면, 염색체 수가 46개로 늘어나 다시 23쌍이 된다. 정자와 난자를 통해 부모로부터 절반씩 받은 염색체가 두 개씩 짝을 지어 23쌍이 되기 때문에, 한쪽의 유전자에 문제가 있더라도 다른 한쪽의 유전자가 문제를 해결해 줄 가능성이 크다.

그런 의미에서 생식은 자신에게 부족한 DNA를 배우자에게서 구해 더 좋은 유전정보를 자식에게 물려주기 위한 과정이라고 볼 수 있다. 유전자가위나 접합 효소를 쓰지 않고도 한 남자의 유전자 절반과 한 여자의 유전자 절반을 가져다 서로 붙이는 통 큰 유전자 편집이기도 하다. 감수분열이란 복잡한 과정을 거쳐 DNA 스스로 이런 일을 벌이는 이유는 건강한 유전자를 오래오래 대대손손 전하면서 스스로 진화하기 위해서일 것이다.

감수분열의 문제점

이처럼 진화를 위해 선택한 감수분열에는 좋은 점도 많지만, 문제점도 있다. 길고 가느다란 DNA를 복사하고 나누며 서로 교환하는 과정을 거치다 보니 붙어 있던 염색체끼리 떨어지지 않는 경우도 생기기 때문이다. 만일 감수분열에서 문제가 생긴 정자나 난자가 수정되면 태어나는 아이에게는 심각한 영향을 끼칠 수 있다. 안타깝지만 이런 증상은 수정란 단계에서 염색체 이상으로 생긴 결과이기 때문에 근본적인 치료법도 없다.

만일 감수분열 때 정자나 난자에 21번 염색체가 하나 더 들어가게 되면 다운증후군Down syndrome 아이가 태어난다. 성격은 낙천적이지만, 낮은 지능을 보이는 이들은 다른 사람들과 구분되는 특이한 얼굴을 하고 있으며, 심장병에 걸릴 가능성이 크다. 또 감수분열 때 문제가 생겨 X염색체가 하나 더 들어간 난자나 정자가 수정되면 클라인펠터증후군Klinefelter's syndrome을 보이는 아이가 태어난다. 이 아이들은 사춘기가 되어도 남성적인 특징을 잘 보이지 않고, 유방이 여성처럼 발달하기도 한다.

감수분열 때 Y염색체가 제대로 분리되지 않아 2개의 Y염색체를 가진 정자가 수정이 되면 제이콥스증후군Jacobs syndrome을 가진 아이가 태어난다. 이들은 남들보다 키가 큰 것 외에는 별다른 증상은 보이지 않아 특별한 치료는 필요 없다. 지나치게 남성적인 것이 문제라고나 할까. 대부분 지능이 정상인보다 낮고 분노 조절을 잘 하지 못하며, 자폐아가 될 가능성이 크다.

감수분열은 인류의 DNA가 유전적으로 다양한 정보를 가지면서 더 나은 삶을 살아가도록 진화를 이끌고 있지만 다운증후군 같은 유전병의 원인이기도 하다. 뛰어나고 완벽한 유전자를 후손에게 전해주는 일은 그만큼 쉽지 않은 일이다.

아들에게만 전해지는 유전자

19세기 말 영국을 다스렸던 최고의 권력자는 빅토리아 여왕이었다. 그녀는 당시 해가 지지 않는 나라라 불리던 대영제국을 이끌면서 자녀를 9명이나 낳았다. 만일 금슬이 좋았던 남편이 40대 초반의 젊은 나이로 세상을 떠나지 않았더라면, 더 많은 자녀를 두었을지도 모른다.

그런데 빅토리아 여왕에게는 남편의 이른 죽음 말고도 또 다른 비극이 있었다. 여왕은 유전자에 돌연변이가 생긴 혈우병 보인자였다. 혈우병 유전자는 성염색체 중 X염색체에만 있기 때문에, X염색체가 두 개인 여자들은 증상을 보이지 않는다. 나머지 하나의 X염색체에 혈우병 증상을 억누르는 대립유전자를 가지고 있기 때문이다. 하지만 남자들은 나머지 하나의 성 염색체인 Y염색체에 이런 대립유전자를 가지고 있지 않다. Y염색체는 크기가 작기 때문인지 포함된 유전자 수도 적고, 없는 것도 많다. 따라서 어머니로부터 물려받은 X염색체에 혈우병 유전자가 있으면 그대로 혈우병에 걸리고 만다. 물론 운이 아주 좋은 아들이라면 어머니의 두 가지 X 염색체 중 정상 쪽을 물려받아 혈우병에 걸리지 않고 평생 건강하게 지낼 수 있다.

빅토리아 여왕의 직계 자손 중에서 증세를 보인 사람은 아들 한 명과 세 명의 손자였다. 그리고 공주 한 명도 증상을 보이지는 않았지만, 혈우병 보인자였다. 이 공주에게는 알렉산드라라는 딸이 있었는데, 그녀 역시 혈우병 보인자였다. 알렉산드라는 러시아 니콜라이 황제와 결혼에 세 딸을 낳은 끝에 어렵게 아들 알렉세이를 얻었다. 알렉세이는 어릴 때부터 몸이 약했고, 조그만 상처에도 피가 멈추지 않는 전형적인 혈우병 증세를 보였다. 알렉세이의 이런 증상은 부모인 니콜라이 황제 부부의 마음을 약하게 했고 미신에 의지하게 만들었다. 황제 부부는 라스푸틴이란 괴짜 신부를 황궁으로 끌어들여 아들을 치료하려

빅토리아 여왕

했다. 라스푸틴에게 괴이한 능력이 있었던 것일까? 아니면 단지 운이 좋았던 것일까? 라스푸틴의 치료를 받자마자 알렉세이는 오랫동안 계속 되던 출혈이 멈추었다.

이후 라스푸틴은 혈우병으로 아들을 잃게 될까봐 불안해하던 황제 부부로부터 전적인 신임을 받아 정치에도 관여하게 되었다. 그는 온갖 계략을 써가며 황제 부부를 마음대로 조종했고, 자신의 뜻을 따르지 않는 신하들을 하나둘 제거하며 사리사욕을 채웠다. 심지어 황제를 전장으로 내보내고, 왕후를 뒤에서 조정하며 국가 최고의 권력을 누리기까지 했다. 이 모습을 지켜보던 백성들은 마음 약하고 무능한 황제와 이런 황제를 조정하며 온갖 만행을 저지르는 라스푸틴에 분노했다. 분노가 극에 달하자 백성들이 들고 일어났고,

이런 움직임은 곧 러시아 혁명으로 이어졌다.

라스푸틴은 그를 싫어하던 세력에게 암살당했는데, 독을 마셔도 죽지 않고 총을 맞아도 죽지 않아 결국 물레 빠뜨려 익사시켰다는 이야기로 유명하다. 이후 니콜라이 황제는 유배지에서 혁명군이 쏜 총에 맞아 가족들과 함께 죽음을 맞이했다. 니콜라이가 아들의 혈우병 때문에 마음이 약해져 라스푸틴을 궁으로 불러들이지만 않았어도 러시아의 마지막 황제로 비참하게 죽지 않았을지도 모른다.

혈우병 유전자 외에도 주로 아들에게만 전해지는 대표적인 유전자는 대머리 유전자이다. 여자들 중에 대머리가 거의 없는 이유는 이 유전자 역시 혈우병 유전자처럼 성염색체 중 X염색체에만 있기 때문이다. X염색체가 두 개인 여자들은 대머리 유전자를 억누르는 대립유전자를 또 하나의 X염색체에 가지고 있다. 그리고 대머리 유전자는 일반 머리 유전자에 비해 열성이기 때문에 겉으로 발현되지 못한다. 하지만 대머리 유전자를 포함한 X염색체를 어머니에게 물려받은 남성은 나머지 성염색체, 즉 Y염색체에 이를 누르는 대립유전자를 가지고 있지 않다. 그러고 보면 Y염색체는 웬만한 유전자는 거의 다 가지고 있지 않는 듯하다.

Y염색체에 우성인 일반 머리 유전자가 없으니 남성이 어느 정도 나이가 들면 열성인 대머리 유전자가 자유롭게 발현된다. 따라서 30대를 지나면서 대머리가 될지 궁금한 남자들은 자신에게 X염색체를 물려준 어머니 쪽 친척들을 살펴보아야 할 것이다. 외할아버지나 외삼촌이 대머리라면, 자신도 대머리가 될 가능성이 크다.

이외에도 X염색체로 유전되는 질병에는 색맹, 근위축증, 지적장애 등이 있다. 어머니가 이런 질병의 보인자면 아들에게 유전될 확률이 50%에 이르고,

딸은 어머니와 같은 보인자가 될 확률이 50%이다. 하지만 보인자인 딸은 질병 유전자가 발현되지 않기 때문에 정상인으로 살아갈 수 있다. 어머니에게 받은 X염색체에 질병 유전자가 있으면 무조건 발현되는 아들로서는 억울한 일이 아닐 수 없다.

하지만 자연계의 시스템은 한쪽만 지나치게 손해 보도록 내버려두지는 않는 법이다. 늘 스스로 균형을 맞추며 진화하도록 되어 있기 때문이다. 유전병을 막아줄 수 있는 또 하나의 X염색체를 포기하고 아들이 물려받는 Y염색체에는 남성에게 이로운 다양한 유전자가 들어 있다.

예를 들어 근육을 단단하게 발달시키는 유전자나 공격적 성향을 발달시키는 유전자처럼 X염색체에서는 볼 수 없는 유전자 종합 선물세트가 Y염색체에만 있다. 이 선물세트에는 SRYserendipity gene라는 중요한 유전자가 있어 태아가 엄마 뱃속에서 남성의 모습을 갖추도록 만드는 역할을 한다. 좀 더 정확히 말하자면 남성 성기를 갖추고, 남성적인 특성을 갖도록 하는 호르몬이 만들어지도록 스위치를 켜는 작용을 맡고 있다. 어찌 보면 Y염색체는 유전병과 싸우는 것마저도 포기하고, 한 개체를 오로지 남자로 만드는 일에만 집중하고 있는 듯하다.

03

어떻게 유전자를 잘라내고 붙일까?

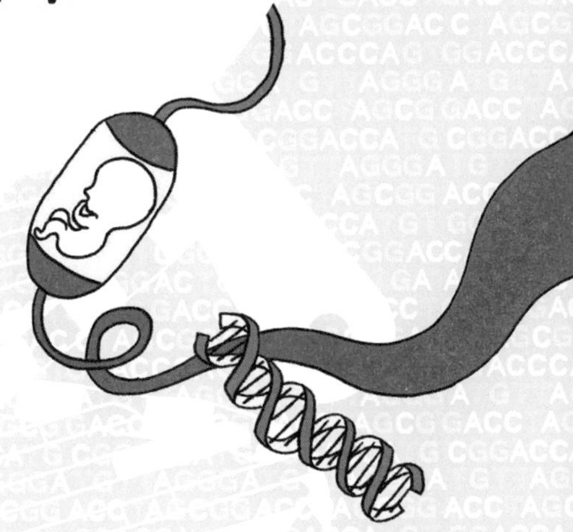

인간 유전체의 비밀

지구 상 모든 생명체의 유전정보는 DNA에 염기서열 형태로 저장되어 있다. 염기 A아데닌, T티민, G구아닌, C시토신이 어떤 순서로 배열되어 있는지에 따라 신체에 드러나는 유전형질은 완전히 달라진다.

염기서열 AAGGT…와 GGTAA…가 얼마나 다른 의미를 지니는지 알 수 없다면, 우리가 쓰는 말을 떠올려보면 된다. 알파벳 GOD는 '신'을 뜻하고, DOG는 '개'를 뜻한다. 같은 알파벳인데 순서를 바꾼 것만으로도 의미는 완전히 달라진다. 비슷한 예로 우리말의 '자살'을 거꾸로 하면 '살자'이다. 단 두 글자의 순서를 바꾼 것만으로도 삶과 죽음이 갈라진다. 마찬가지로 DNA에 염기서열도 문자 하나의 위치가 바뀌는 순간 치명적인 질병을 일으켜 그것을 가지고 태어나는 사람의 운명을 바꾸어놓기도 한다.

사람의 DNA에 있는 30억 쌍 염기서열이 지닌 모든 의미를 완전히 알아내는 것은 미래의 연구대상이다. 우리가 DNA의 염기서열이 지닌 의미를 완전히 안다는 것은 인간의 생명활동을 지배하는 프로그램이 어떻게 돌아가는지를 알아내는 일이다. 앞에서 이야기했듯이 체세포분열이나 감수분열도 모두 DNA염기서열이 지닌 명령에 따라 일어나는데 이 체계에 문제가 생기면 다운증후군 같은 선천성 유전병에 걸린다. 그 외에 유전자 문제로 생기는 질병은 암이나 빈혈 등 여러 가지가 있고, 치료하기도 어렵다.

외부에서 침입한 세균이나 상처가 문제라면 우리 몸은 백혈구를 보내 질병과 싸워서 이기기도 하고, 약물이나 외과적인 수술로 치료한다. 하지만 설계도이자 운영프로그램인 유전자 자체에 문제가 생기면, 우리 몸은 거의 아무것도 하지 않는다. 애초부터 설계도가 잘못되었고, 몸을 지배하는 프로그램 자체에 오류가 생겼기 때문이다.

하지만 어떤 분야에서든 포기를 모르는 사람들이 있는 법이다. 과학자들 중에도 DNA염기서열의 비밀을 알아내 유전병을 치료하겠다고 포기하지 않는 이들이 있다. 그들은 DNA에 저장된 특정 염기서열이 신체의 어떤 부분을 만들고 어떤 현상을 일으키는지 알아내면 질병을 일으킨 유전자도 찾아낼 수 있다고 기대한다. 그렇게 되면 병에 걸리기 전에 유전자를 교정해 막을 수 있기 때문이다. 또 유전자의 조건에 맞는 특별한 치료법을 쓸 수도 있다. 아무래도 가장 확실한 치료법은 뒤에서 이야기하게 될 유전자를 잘라내고 교정하는 방법일 것이다.

2003년에 인간 DNA의 염기서열을 모두 읽어 유전체지도가 완성된 후 알아낸 다음과 같은 사실은 유전체의 비밀을 풀려는 연구가 크게 발전하도록 도움을 주었다.

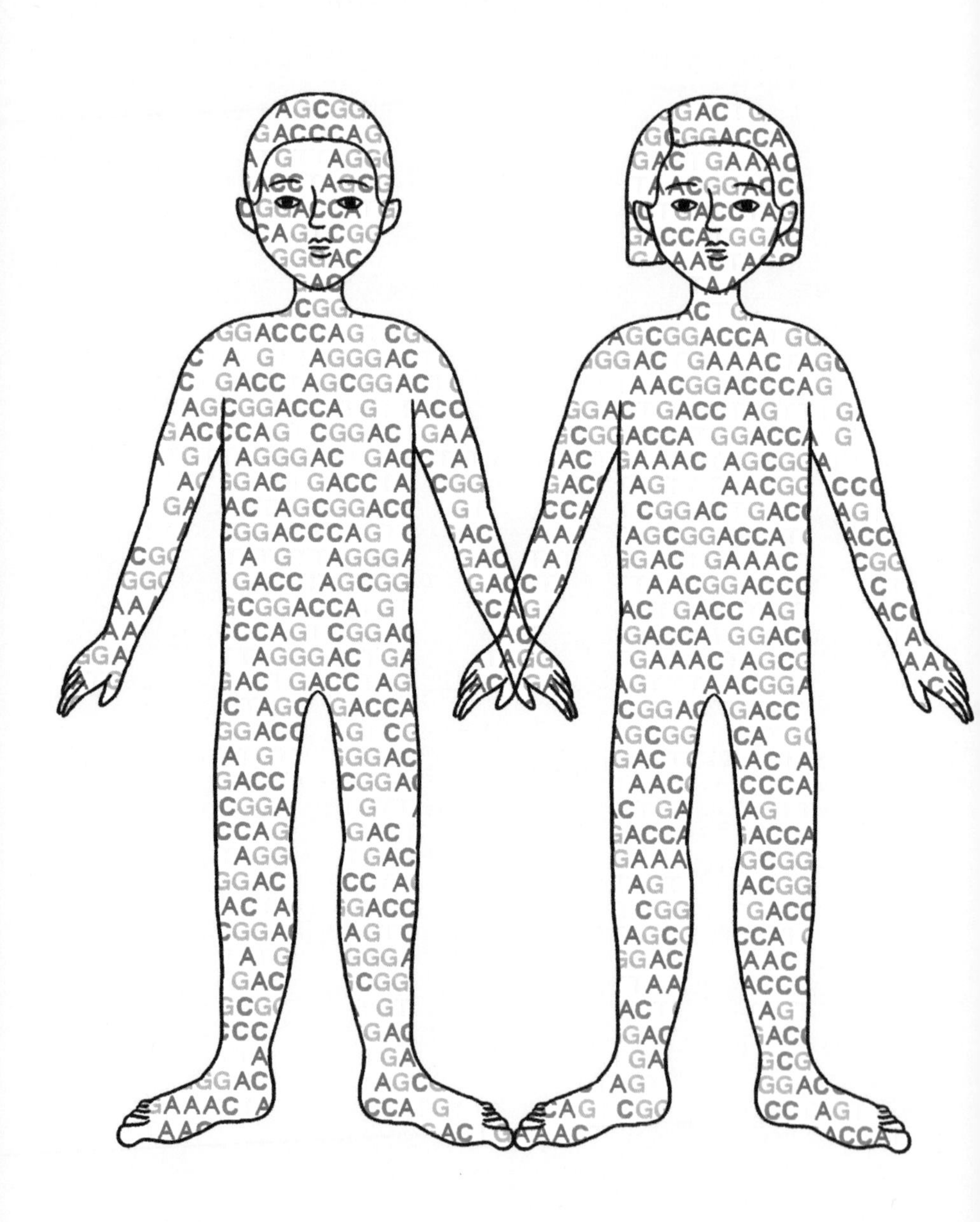

- 인간의 유전자 수는 2만 6천 개~4만 개로 추측된다.
- 인간 유전체 중 유전자로서 기능을 하는 부분은 약 2% 정도이다.
- 감수분열할 때 남자는 여자보다 돌연변이를 일으킬 가능성이 2배 정도 크다.

과학자들은 인간의 유전자 수가 생각보다 적어 크게 실망했다. 예상했던 유전자 수는 약 10만 개 정도였는데, 유전체 지도를 완성하고 보니 인간의 유전자 수는 그 절반에도 미치지 못했다. 심지어 식물의 유전자 수보다도 작았다. 하지만 이후 또 다른 연구에서 유전자는 양보다는 질이라는 사실이 밝혀졌다. 독일 막스플랑크 연구소가 인간 유전자는 침팬지 유전자보다 단백질을 2배나 더 많이 만든다는 사실을 알아냈기 때문이다.

인간 유전체 지도의 완성으로 유전체를 이루는 DNA의 염기서열을 모두 알아냈지만, 그것에 담긴 의미는 아직 조금밖에 밝혀지지 않았다. 마치 고대 문서에 적힌 문자를 과학의 힘을 빌려 복원해 겨우 알아볼 수는 있게 되었지만, 의미를 조금밖에 해독하지 못한 것과 마찬가지다. DNA를 이루는 30억 쌍의 염기서열 중에서 어디서부터 어디까지가 정보를 담은 유전자이고, 이 유전자에는 과연 어떤 명령이 담겨 있는지를 밝혀내는 연구는 지금도 진행 중이다. 그리고 많은 과학자들은 유전자 연구에 의학과 공학을 융합해 유전자 교정으로 질병을 치료하고 수명을 연장하는 연구에도 뛰어들고 있다. 이 분야에서 성공하기만 하면 엄청난 부를 거머쥘 수 있기 때문에 기업들도 생명공학에 많은 투자를 하고 있다. 특히 유전자가위 기술이 개발된 뒤부터는 어디선가 인간의 유전자를 복제해 복제인간을 만들고 있다는 확인할 길 없는 소문이 돌기도 했다. 그렇다면 도대체 유전자가위 기술은 무엇이고, 현재 어떤 분야에서 쓰이고 있을까?

자연에서 찾아낸 유전자가위

인류는 아주 오래 전부터 유전자를 개량하는 방법을 알고 있었다. 그 증거는 야생 밀을 먹으며 수렵생활을 하던 1만여 년 전까지 거슬러 올라간다. 야생 밀을 농사짓기 쉬운 밀로 바꾸는 방법은 열매가 잘 열리고 땅에 쉽게 떨어지지 않는 것만 골라 심는 것이었다. 좋은 방향으로 돌연변이가 일어난 밀을 골라 그것들끼리만 교배시키는 방법이다.

어떤 생물체든 후손을 남기는 과정에서 종종 유전자 돌연변이를 일으킨다. 감수분열하면서 생식세포를 만들 때 DNA를 제대로 베껴내지 못할 수도 있고, 특정 부분을 반복해서 베낄 수도 있다. 또 길고 가느다란 DNA가 외부 자극에 약하기 때문에 자외선이나 천연 방사능에 노출되면 유전자의 염기서열이 바뀌기도 한다. 유전자 염기서열이 바뀌면 유전정보가 달라지기 때문에, 그에 따라 나타나는 형질도 달라진다. 만일 식물에서 돌연 변이가 좋은 방향으로 일어나면 사람들에게 도움이 되는 형질로 나타날 수도 있다.

예를 들어 열매가 잘 열리지 않고 열린다 해도 바로 땅에 떨어지는 밀의 후손 중에 돌연변이가 일어나면 열매가 잘 열리고 수확할 때까지 오래도록 줄기에 붙어 있는 밀이 나타날 수도 있다. 그런데 이렇게 돌연변이로 달라진 유전정보는 후손에게 유전된다. 따라서 좋은 돌연변이가 일어난 밀을 심으면, 다음 세대에서도 그런 형질을 가진 밀을 수확할 수 있다. 그래서 우리 조상들은 자신의 밭에는 평소 먹지 않고 아껴둔 좋은 씨앗만 뿌렸다.

몇 세대에 걸쳐 좋은 돌연변이가 일어난 밀만 골라서 교배시키면, 밭에서 자라는 밀은 어느새 야생밀과 다른 품종이 된다. 열매가 잘 열리고 땅에 떨어지지 않는 유전자만 물려받았기 때문이다.

고대 중국에서는 황제가 직접 좋은 볍씨를 선별해 백성들에게 나눠주며, 국가 전체적으로 벼의 유전자를 개량하려고 했다. 농부들도 항상 좋은 열매를 얻고, 가능하면 가시나 털이 없는 식물을 기르기 위해 노력했다.

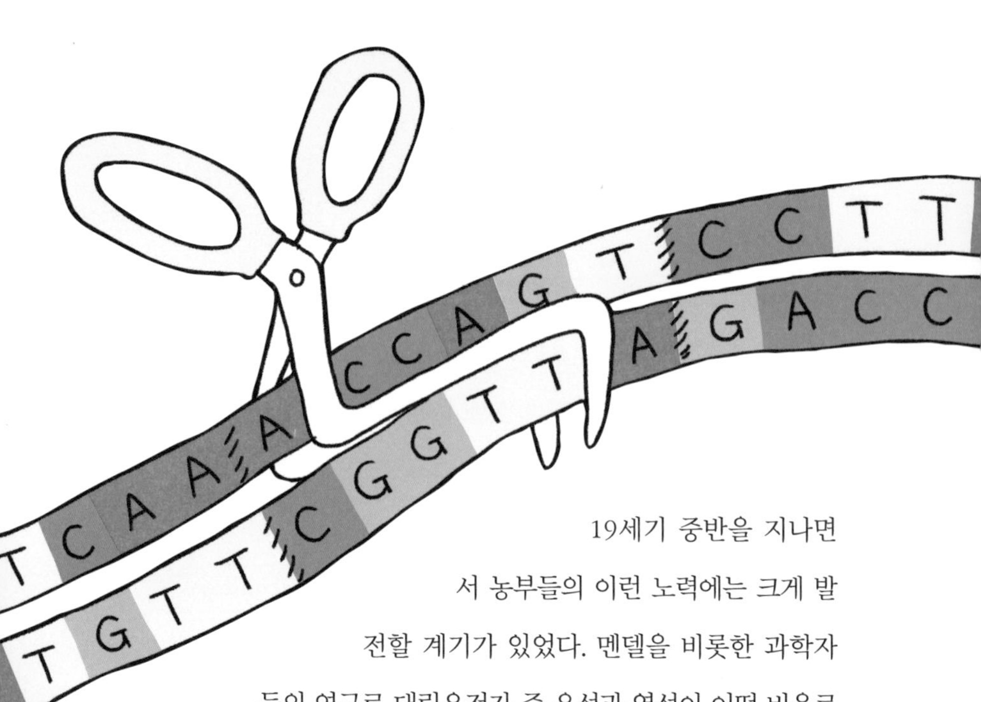

19세기 중반을 지나면서 농부들의 이런 노력에는 크게 발전할 계기가 있었다. 멘델을 비롯한 과학자들의 연구로 대립유전자 중 우성과 열성이 어떤 비율로 후손에게 나타나는지를 알게 되었기 때문이다. 이제 좀 더 정확하게 원하지 않은 유전자를 버리고 원하는 유전자를 얻을 수 있게 되었다.

하지만 자연에서 일어나는 돌연변이를 이용한 유전자 개량에는 시간이 많이 걸린다. 그리고 원하지 않는 유전자가 조금씩 따라오는 것을 완전히 막기도 어렵다. 예를 들어 아주 달콤한 열매만 맺는 두 나무를 교배시켰다고 상상해보자. 수확기가 되자 정말 맛있는 열매가 열리기는 했는데, 일부는 내다 팔 수 없을 정도로 심하게 쭈글쭈글한 모양일 수 있다. 부모세대에서 드러나지 않던 쭈글쭈글한 열성 유전자가 서로 만나 자식세대의 일부 열매에서 발현된 것이다. 유전자를 자르는 가위라도 있다면 부모의 생식세포가 수정된 단계에서 쭈글쭈글 유전자를 잘라냈을 텐데 말이다.

유전자를 자르는 가위라니! 누가 이런 것을 발명해 특허를 내면, 마이크로 소프트웨어를 세운 빌 게이츠나 페이스북을 만든 마크 저커버그도 부럽지 않을 것이다. 유전자에서 문제 있는 부분을 싹둑 잘라내 암이나 난치병을 뚝딱 고치고, 잘라낸 부위에 필요한 유전자를 채워넣어 원하는 생물을 만들어낼 수만 있다면 인류 역사상 최고의 발명가가 될 테니까. 전기, 전화, 자동차, 컴퓨터의 발명도 이런 유전자가위 앞에서는 아주 하찮은 일이 될 것이다.

그런데 세포핵 속에 있는 DNA를 자를 수 있으려면 도대체 가위의 크기가 얼마나 작아야 할까? 이쯤에서 눈치 챘을 것이다. 사람의 손으로 직접 다루는 도구를 가지고는 유전자라는 미세한 세계에서 일할 수 없다는 것을. 그러니까 아무리 정밀하다 해도 유전자 속으로 들어갈 수 있는 기계를 만든다는 것은 오늘날 과학기술로는 거의 불가능하다.

하지만 다행히도 자연에는 이미 유전자를 자르는 가위처럼 일할 수 있는 것이 있다. 유전자를 구성하는 분자 간 결합을 가위로 자르듯 싹둑 끊어낼 수 있는 '제한효소'다. 제한효소는 세균 안에 들어 있다.

제한효소와 크리스퍼

1960년대에 베르너 아르버Werner Arber는 세균에 바이러스가 침입해 자신의 DNA를 심으면, 그것을 잘라내기 위해 제한효소를 만든다는 것을 알아냈다. 제한효소는 DNA의 특정한 부분만 잘라내는 역할을 한다. 하지만 자르는 위치를 예상하기가 어려워 별로 쓸모가 없다는 것이 문제였다. 당시 사람들은 제한효소의 발견이 아주 중요하다는 것은 알았지만, 이것이 오늘날의 정교한 유전자가위로 발전하리라고는 상상도 못했을 것이다.

1990년대 초반 일본의 과학자 이시노 요시즈미는 100℃에 가까운 고온과 강한 산성 환경에서 살아남는 세균을 연구하고 있었다. 어느 날 이 세균의 DNA에서 4가지 염기 A, T, G, C가 일정한 간격을 두고 주기적으로 반복되는 모습을 발견했다. 그는 이것을 '무리지어 일정하게 자꾸 반복되는 서열(Clustered Regularly Interspaced Short Palindromic Repeats)'을 뜻하는 영어의 줄임말인 '크리스퍼CRISPR'라고 불렀다. 간혹 'CRISPER'라고 알파벳 'E'를 추가하는 것은 잘못된 표기이다. 이시노는 무언가 중요한 느낌을 주는 크리스퍼를 발견하긴 했지만, 그 역할까지는 정확히 알아내지 못했다.

몇 년 후 DNA에 대한 연구 자료가 쌓이면서 크리스퍼 사이에 자리잡고 있는 것이 세균에 침입한 바이러스의 유전정보임이 밝혀졌다. 하지만 이때도 크리스퍼가 정확히 어떤 일을 하는지는 알아내지 못했다.

2000년대 들어 덴마크의 한 요구르트 회사 연구원들이 유산균을 관찰하다가 놀라운 발견을 했다. 유산균들은 침입자인 바이러스의 유전자 염기서열 정보를 자신의 DNA에 있는 크리스퍼 사이에 기록해 두고 있었다. 그리고 똑같은 침입자가 나타나면 이 정보를 참고로 빠르게 알아차려 공격에 나섰고 특정한 효소가 침입자인 바이러스의 DNA를 갈가리 조각내버렸다. 다시 말해 크리스퍼는 바이러스라는 침입자에 맞서기 위해 세균이 사용하는 방어체계였다.

과학자들은 이제야 비로소 크리스퍼를 정체를 알아냈고, 이것을 가위처럼 사용하는 상상을 시작했다. 자르고 싶은 유전정보를 무엇이든 크리스퍼에 붙이면, 크리스퍼는 그것을 잘 간직하고 있다가 그와 똑같은 유전정보가 들어오면 공격에 나선다. 그리고 크리스퍼의 공격을 받은 침입자의 DNA는 마구 잘린 채 산산조각이 나게 된다.

크리스퍼 유전자가위가 인식하는 염기서열은 18~24개 정도다. 베르너가 최초로 발견한 제한효소는 보통 6개 염기서열을 인식해 자르기 때문에 이것을 인간세포에 사용하기에는 어려운 점이 많았다. 6개 염기서열만 일치하면, 문제가 없는 부분까지 마구 잘라

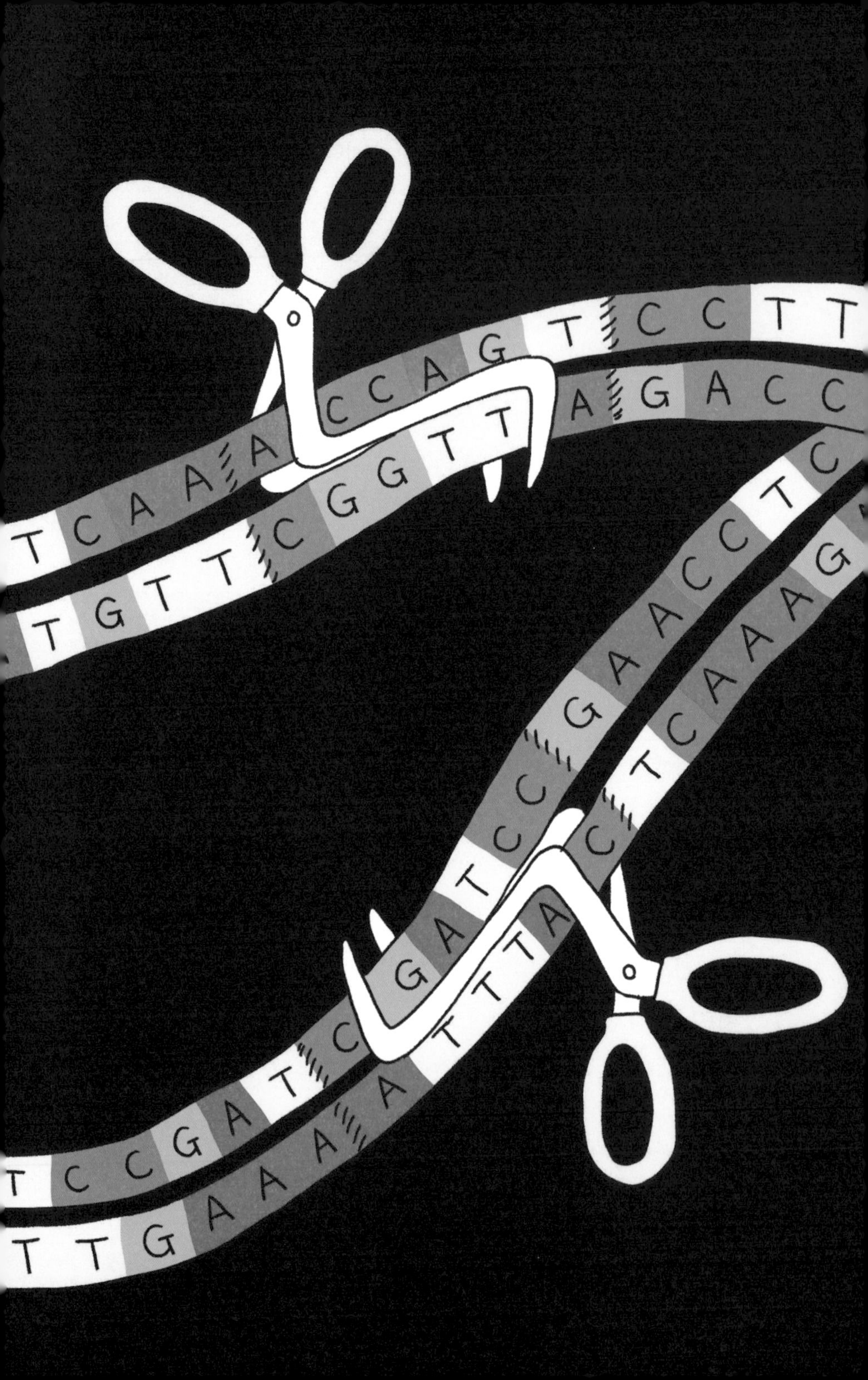

DNA 전체를 너덜너덜하게 만들기 때문이다. 하지만 인간의 DNA에서 20여 개나 되는 염기서열이 똑같이 다시 반복될 확률은 거의 없다. 문제가 되는 20여 개의 염기서열을 크리스퍼가 잘라내도록 지정해 주면 정확하게 그 부분만 자를 뿐 다른 곳은 건드리지 않는다.

크리스퍼는 문제가 있는 유전자를 찾아내는 탐색기이고, 여기에 가위 역할을 하는 절단효소가 따라 다닌다. 현재 가장 널리 이용되는 절단효소는 캐스나인CAS9이란 단백질이다. 그래서 이 유전자가위를 '크리스퍼 캐스나인'이라고도 부른다. 크리스퍼 캐스나인은 설계하기도 쉽고, 개발 비용이 다른 유전자가위의 10분의 1 수준이라 많은 실험실에서 유전자가위를 활용할 수 있는 길을 열어주고 있다. 현재 크리스퍼 캐스나인을 비롯한 여러 유전자가위가 DNA에서 문제 부위를 잘라내고 원하는 유전자를 끼워넣는 유전자 재조합에 널리 쓰이고 있다.

유전자 지문

1986년 영국 레스터셔 주에서 살인 사건이 일어났다. 한적한 숲에서 이제 열다섯이 된 아시워스란 소녀가 숨진 채 발견되었다. 경찰은 이 살해 사건의 범인으로 근처 병원 운전기사인 버클랜드를 지목했고, 강도 높은 수사를 해 자백을 받아냈다. 그런데 3년 전에도 린다맨이라는 소녀가 살해당한 채 들판에 버려지는 비슷한 사건이 발생했다. 두 사건의 범행 방법이 너무 비슷했기 때문에 경찰은 버클랜드를 의심했지만, 그는 결코 린다맨을 죽이지 않았다고 부인했다. 그러던 차에 경찰의 주목을 끈 것은 앨릭 제프리스의 유전자 감식법이었다.

1984년 영국 레스터대학의 생화학 교수였던 앨릭 제프리스Alec Jeffreys는 DNA를 찍은 X선 사진을 연구하고 있었다. 그런데 어느 날 연구원 가족의 DNA를 찍은 사진에서 아주 특이한 DNA 패턴을 발견했다. 이들의 DNA는 가족 간에 서로 비슷한 구조를 보이는 곳도 있었지만, 자세히 들여다보면 저마다 달랐다. 제프리스가 발견한 것은 DNA의 특정부위에서 특정하게 반복되는 염기서열이 개인마다 다르다는 사실이었다. 그는 이 패턴에서 신분 확인을 위해 지문처럼 사용할 수 있는 '유전자 지문'이란 개념을 생각해냈다. 그리고 실제로 이를 활용해 어릴 때 헤어진 모자의 친자관계를 확인해주기도 했다. 사람은 누구나 어머니와 아버지에게서 절반씩 유전자를 물려받기 때문에

DNA의 특정 부위에서 특정한 염기서열이 반복되는 횟수 역시 부모와 절반 정도는 일치하기 때문에, 친자 확인이 가능했던 것이다.

DNA는 세포 어디에나 들어있다. 따라서 범죄 현장에 떨어진 범인의 머리카락이나 옷자락에 묻은 피부 각질 세포만 있어도 범인의 DNA를 구할 수 있다. 또 화재 현장에서 발견된 시체가 불에 타 형체를 알아보기 어려운 경우 뼛조각에서라도 DNA를 추출할 수 있으면 유전자 지문을 얻어낼 수 있다.

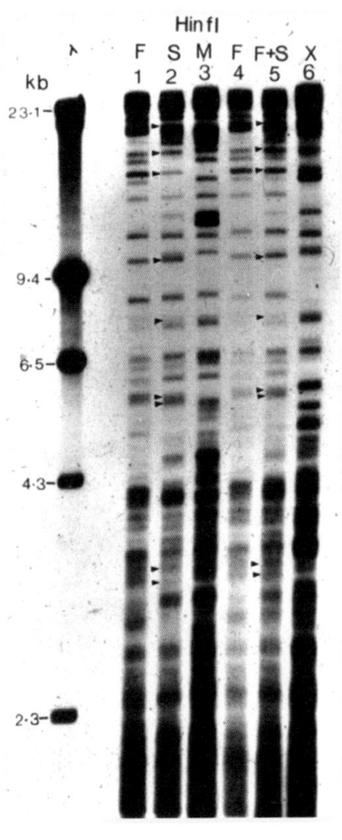

DNA 지문 © Somdattakarak

다시 앞의 이야기로 돌아가자면, 영국 경찰은 버클랜드가 두 소녀를 모두 죽였다는 증거를 찾기 위해 이들 몸에서 발견된 범인의 체액과 버클랜드의 혈액을 채취했다. 그리고 앨릭 제프리스에게 보내 유전자 검사를 의뢰했다. 일단 두 소녀의 몸에서 발견된 체액의 유전자 지문은 같은 사람의 것으로 밝혀졌다. 역시 경찰의 추측대로 아시워스를 죽인 사람이 린다맨도 죽였던 것이다. 그런데 놀랍게도 범인의 유전자 지문은 버클랜드의 것과 일치하지 않았다. 어이없게도 버클랜드는 경찰의 강압적안 수사 때문에 허위진술을 한 것이었다. 만일 유전자 지문이란 증거가 없었다면 그는 살인 사건을 두 번이나 저지른 범인으로 몰려 사형수가 되었을지도 모른다.

그렇다면 이 잔인한 살인 사건의 진범은 누구였을까? 근처 빵집에서 일하는 클린 피치포크였다. 그는 살인사건이 났을 때 주변 용의자들에게 행해진 혈액검사에 다른 사람의 혈액을 제출해 용케 빠져나갔기 때문이다. 그런데 피치포크 대신 혈액을 제공한 사람이 비밀을 누설하는 바람에 뒤늦게 용의선상에 올랐다. 유전자 검사 결과, 피치포크의 유전자 지문은 살해당한 두 소녀에게서 발견된 범인의 체액에서 발견된 유전자 지문과 일치했다. 빼도 박도 못하는 강력한 증거가 유전자 지문에 숨어 있었기 때문에 버클랜드는 풀려나고, 피치포크는 체포되었다.

DNA와 과학수사

보통 살인 사건과 같은 범죄 현장에서는 식기나 칫솔에 남아있는 구강세포, 담배꽁초에 묻어 있는 침, 머리카락 끝에 붙어있는 모근세포, 루미놀 반응으로 찾아낸 미세한 핏자국 등에서 아주 적은 양의 DNA를 추출한다. 그런데 양이 너무 적으면 정확한 검사결과를 얻기가 힘들다. 1985년 미국의 캐리 멀리스Kary Banks Mullis는 이 문제를 해결하기 위해 유전자를 증폭시키는 방법을 생각해냈다. PCRpolymerase chain reaction 혹은 '중합효소 연쇄반응'이라는 긴 이름으로 불리는 이 방법은 세포가 바이러스에 감염되었는지를 알아보기 위해서도 많이 쓰인다.

PCR은 3단계에 걸쳐 온도를 바꾸어주고, 이어서 적절한 재료와 효소를 넣어주면 일어난다. 1단계에서 온도를 90℃ 이상으로 올리면 DNA를 이루고 있던 4가지 염기들 사이의 결합이 풀어진다. 그 결과 이중나선처럼 두 가닥으로 꼬여있던 DNA가 한 가닥씩 분리된다. 이후 2단계에서 온도를 40~60℃로 내렸다가 다시 3단계에서 75~80℃로 올려주면, 한 가닥 DNA들이 중합효소의 도움을 받아가며 필요한 성분을 끌어 모아 잃어버린 반쪽을 다시 만들어나간다. 이때 DNA의 염기들은 상보성 원리에 따라 A은 T하고만, G은 C하고만 결합하므로, 잃어버린 반쪽이 완성되면 원래의 DNA가 그대로 복제된 것과 같은 결과가 나타난다. 즉 한 가닥씩 풀어진 DNA가 이중나선처럼 꼬여 있

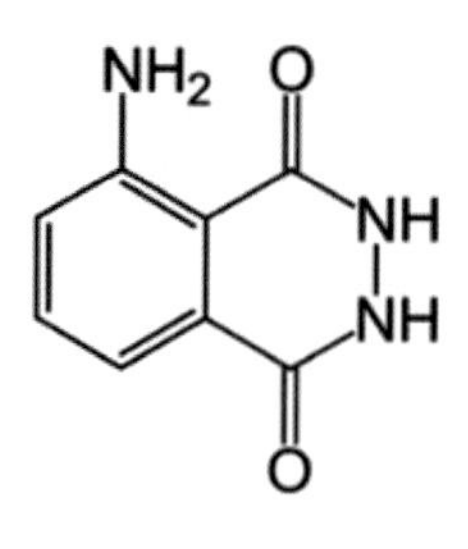

루미놀 분자구조

던 원래의 DNA와 똑같은 모습으로 완성되었는데, 그 수가 두 배가 된 것이다.

아무리 적은 DNA라도 이런 과정을 30번만 반복하면, 10억 배 이상 증폭시킬 수 있다. 그 수가 2의 제곱으로 늘어나기 때문이다. 순식간에 증폭시킨 DNA는 각종 세포와 반응해 다양한 결과를 얻는 데 쓰이기 때문에, 이제 PCR은 과학수사뿐만 아니라 유전학이나 생명공학에서 없어서는 안 될 기술이 되었다.

또 PCR 정도는 아니지만, 과학 수사에 큰 도움을 주리라 예상되는 다른 유전자 검사법으로는 RNA 분석도 있다. DNA 분석이 피해자나 범인의 신원을 확인하는 데 주로 쓰인다면, RNA 분석은 시체의 사망 시간을 알아내는 데 쓰인다.

우리 몸의 모든 세포에는 DNA가 있고, DNA의 유전정보를 복사한 RNA가 단백질을 만들면서 생명활동을 유지한다. 그런데 사람이 죽은 뒤에는 이런 RNA의 활동이 필요 없다. 연구 결과에 따르면, 죽은 사람의 RNA 활동이 정지할 때까지 시간에 따라 변화를 보이기 때문에 이를 관찰하면 사망 시간을 추정할 수 있다.

과학수사와 관련해 우리나라의 경우를 살펴보자면, 1988년 처음으로 DNA 분석 장비가 도입된 뒤 유전자 분석기술로 많은 강력 사건을 해결했다. 두 사람의 유전자 지문이 같을 확률은 3,000억 분의 1도 안 되기 때문에 증거물에서 DNA가 나오기만 하면 사건은 해결에 가까워진다. 특히 우리나라의 DNA

분석기술은 세계 최고 수준이라고 인정을 받아 외국에서 쓰나미 같은 자연재해가 일어나면 훼손된 시신들의 신원을 밝혀내는 데도 도움을 주고 있다.

종종 어릴 때 해외로 입양되었던 사람이 몇 십 년 만에 국내에 들어와 경찰의 도움으로 가족을 찾기도 한다. 경찰은 실종 아동을 찾기 위해 가족들의 유전자를 채취해 DNA 정보를 보관해두는데 어릴 때 실종된 아이들 중에는 해외로 입양되는 경우가 종종 있다. 입양아들이 친부모를 만나고 싶을 경우 해외공관을 통해 자신의 유전자 정보를 경찰청으로 보내면 국가에서 가지고 있는 유전자 데이터와 비교해 부모를 찾아준다. 실제로 이 제도 덕분에 딸을 찾은 사례가 보도되기도 했다. 딸을 잃어버린 부모가 우리나라 경찰에 유전자 데이터를 제공했고 해외로 입양된 딸도 자신의 유전자 데이터를 제공하면서 부모찾기에 나섰기 때문에 가능한 일이었다.

이런 사례들을 보면 유전자 지문과 PCR을 개발한 앨릭 제프리스와 캐리 멀리스의 업적은 과학이 사회 문제를 해결하고, 개인의 삶까지 치유할 수 있음을 보여준다. 그래서인지 앨릭 제프리스는 영국 왕실로부터 기사 작위를 받았고, 뛰어난 생의학자에게 주는 루이-장트 의학상Louis Jeantet Prize for Medicine도 받았다. 또 캐리 멀리스는 1993년 노벨 화학상을 수상했다.

04

유전자를 어떻게 복제할까?

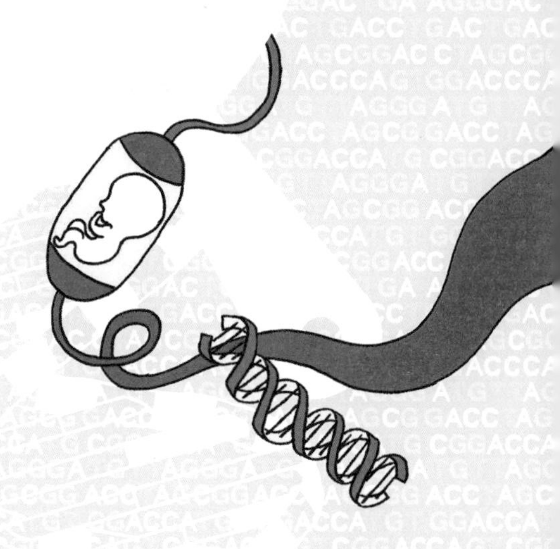

유전자가위는 마술지팡이

가늘고 긴 DNA는 끊어지기 쉽고, 자외선이나 방사능 같은 외부 충격에도 약하다. 그래서 DNA의 일부분을 교정하거나 새로운 유전자를 끼워넣는 작업은 조심스럽게 해야 한다. 작업이 잘못되면 괴상한 생명체가 태어날 수 있기 때문이다. 괴상한 생명체 이야기는 터무니없이 들리기도 하지만, 가끔 서로 다른 유전자를 조합해 태어난 동물의 사진을 보면 마음이 불편해지는 것은 어쩔 수 없다.

한때 코로나19 바이러스도 유전자 재조합으로 실험실에서 만든 것이 유출되었다는 소문이 돌기도 했다. 유전자 편집이나 재조합은 무엇이기에 새로운 바이러스까지 만들 수 있다고 하는 것일까? 간단히 말하자면, 유전자가위로 일정한 부분을 잘라내고 그 자리에 원하는 유전자를 붙여서 새로운 DNA나 RNA를 만드는 일이다. 코로나19 바이러스는 이런 유전자 재조합 실험 과정에서 생겨난 것이 아니라, 바이러스 자체의 진화 과정에서 생겨난 것으로 보인다. 바이러스는 서로 유전자를 교환하며 스스로 유전자를 재조합해 진화하는 특성이 있기 때문이다. 아마도 박쥐에 있던 바이러스가 어떤 새로운 유전자를 받아들여 스스로 유전자 재조합을 한 뒤 종을 넘어 인간에게 옮길 수 있는 바이러스로 진화했을 것이다.

크리스퍼 캐스나인 같은 유전자가위의 등장으로 인간도 이제 바이러스처럼 유전자의 구성을 바꿀 수 있게 되었다. 유전자가위로 원하는 부분을 잘라내고, DNA 연결효소로 새로운 유전자를 붙이면 유전자 재조합은 끝난다. 종이를 잘라 풀로 붙이는 것처럼 간단한 일은 아니지만, 거의 모든 생물의 DNA를 잘라내고 서로 붙이는 일을 시도해볼 수 있다. 때문에 유전자 재조합으로 괴상한 생명체가 나오지 않으리라는 보장은 없다. 하지만 새로운 생명을 만들어낸다는 것이 생각만큼 쉬운 일은 아니다. 현재 유전자 재조합으로 만들어낸 생물은 대부분은 기형이거나 수명이 짧아 오래 살지 못한다.

이런 걱정과 부작용에도 불구하고, 유전자 재조합 기술은 희귀병이나 난치병을 치료하는 방법으로 크게 환영받고 있다. 예를 들어 한 번 피가 나면 잘 멈추지 않는 혈우병에 걸린 사람은 몸 안에서 피를 굳히는 단백질이 잘 만들어지지 않는 것이 문제다. DNA 염기서열에서 어떤 유전자 하나의 위치가 돌연변이로 뒤바뀌는 바람에 나타나는 증상이다.

과학자들은 유전자 재조합 기술을 이용해 혈우병을 치료할 방법을 생각해냈다. 독성을 없앤 바이러스 유전자에 피를 굳히는 단백질을 만드는 유전자를 끼워 넣었다. 그리고 유전자를 교정한 바이러스를 환자의 세포에 접촉시키자, 바이러스는 환자의 세포 속

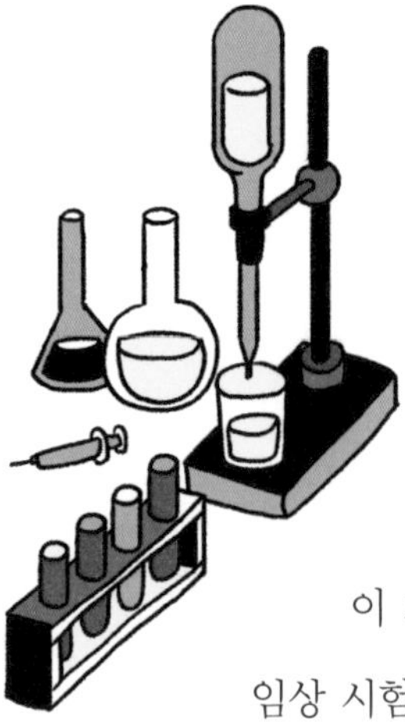

에서 자신의 유전자(이미 치료 유전자로 교정된 것)를 밀어 넣고 복제하기 시작했다. 이제 환자는 피를 굳혀주는 단백질을 만들 수 있는 유전자를 가지게 되었고, 혈우병 증상이 차츰 사라졌다. 현재 이 치료법은 실제 환자 치료에 적용되기 위해 임상 시험 중이다. 이외에 유전자가위와 줄기세포를 이용한 유전자 교정 치료도 연구 중인데, 이에 대해서는 뒤에서 이야기해 보겠다.

또 유전자가위 기술은 암 환자를 치료하는 데도 쓰일 수 있다. 앞에서도 이야기했듯이 우리 몸의 면역체계는 암을 침입자로 여기지 않고 내버려둔다. 물론 암이 세균이나 바이러스처럼 외부에서 들어온 침입자가 아닌 것은 사실이다. 몸의 세포 속 DNA에 돌연변이가 생겨 자기 할 일은 안 하고 다른 세포로 갈 영양분까지 빼앗아 먹으며 끊임없이 수를 늘려가는 사고를 저지르고 있는 것뿐이니까. 그래서 과학자들은 암 환자의 혈액에서 면역세포를 추출한 다음, 면역 세포가 암세포를 찾아가 공격하도록 유전자가위를 이용해 교정했다. 그리고 교정한 면역세포를 다시 환자에게 주사해 암세포를 공격하도록 했다. 몇몇 환자들을 대상으로 한 이런 치료는 좋은 결과를 보였기 때문에 곧 실용화될 것으로 보인다.

이외에도 당뇨병, 고혈압, 치매 등 치료하기 어려운 많은 질병도 유전자 교정으로 치료될 길이 열릴 것으로 보인다. 그렇게 되면 사람들의 수명은 늘어나고 누구나 한번쯤은 유전자 치료를 받는 시대가 될 것이다.

유전자가위로 치료약에서 백신까지

유전공학은 생명체의 유전자를 교정하거나 재조합해 인간에게 이득이 되는 기술을 연구하는 학문이다. 유전공학 연구자들은 생명체의 DNA 염기서열을 읽어 의미를 알아낼 뿐만 아니라 문제가 있는 DNA에 치료 유전자를 끼워 넣는 일도 한다. 또 유전자 설계로 새로운 생명체를 만들어내는 일에도 도전하고 있다. 이처럼 많은 생명현상에 관여하기 때문에 요즈음은 유전공학 대신 '생명공학'이란 말이 널리 쓰인다.

특히 유전자를 교정하거나 재조합할 수 있는 유전자가위의 성능이 날로 향상되면서, 생명공학은 인간의 삶이 한결 나아지는 데 큰 기여를 하고 있다. 유전자가위 덕분에 예전에는 부자들만 누릴 수 있었던 값비싼 약과 치료의 혜택을 누구나 누리게 될 가능성이 커졌다.

당뇨병은 이름 그대로 단맛 나는 소변을 보는 병이다. 정상적인 사람은 밥을 먹으면 소화과정을 거치며 쌀 속의 탄수화물이 당으로 변한다. 몸에서 에너지로 쓰이기 위해서다. 그런데 췌장에 문제가 생긴 당뇨병 환자는 인슐린이 제대로 나오지 않아 당을 에너지로 쓰지 못하고 그대로 소변으로 내보낸다. 그래서 당뇨병 환자의 소변에서 단맛이 나는 것이다. 마치 당이라는 연료는 가득 있는데 이것을 태울 도구가 없어 사용하지 못하고 그대로 내버리는 꼴이다.

에너지를 만들어야 하는 당이 다 빠져나가 온몸의 세포들이 에너지를 공급받지 못하면 오랫동안 밥을 굶은 사람 같은 상태가 된다. 처음에는 힘이 없다가 눈이 보이지 않게 되고, 결국 죽음에 이른다. 인슐린 주사가 나오지 않았던 19세기말까지만 해도 당뇨병에 걸린 환자는 나을 희망이 거의 없었다.

1920년경 외과의사 프레더릭 밴팅Sir Frederick Grant Banting은 친한 친구가 당뇨병으로 죽어간다는 사실을 알게 되었다. 그는 친구를 위해 당뇨병 연구에 뛰어들었고 수십 마리의 개를 가지고 실험한 끝에 동물의 췌장에서 추출한 인슐린을 당뇨병을 치료약으로 개발했다. 하지만 개에게서 얻을 수 있는 인슐린의 양은 너무 적었다. 한 번에 많은 인슐린을 추출할 수 있고 최대한 인체에 부작용을 일으키지 않는 동물은 소였다. 밴팅은 소의 췌장에서 추출한 인슐린으로 수많은 당뇨병 환자들의 목숨을 구했고, 노벨 생리의학상까

지 받았다. 물론 친구의 목숨도 구할 수 있었다.

나중에는 돼지의 췌장에서도 인슐린을 추출하게 되어 좀 더 많은 당뇨병 환자들이 치료를 받을 수 있었다. 하지만 소나 돼지의 췌장 8kg에서 얻을 수 있는 인슐린의 양이 1g에 지나지 않았기 때문에 인슐린 치료제는 매우 비싸 보통 사람들은 여전히 당뇨병 치료를 받기 어려웠다. 그리고 동물에서 추출한 인슐린이라 부작용이 있었고, 사람을 살리기 위해 수많은 소와 돼지를 죽여야 하는 문제도 있었다.

1980년대에 접어들어 유전자가위 기술이 당뇨병 치료에도 이용되면서 많은 문제들이 한꺼번에 해결되었다. 사람의 인슐린 생산 유전자를 잘라내 대장균 유전자 사이에 끼워 넣는 재조합이 가능해졌기 때문이다. 덕분에 유전자를 재조합한 대장균을 번식시킨 뒤, 이 대장균이 만들어 낸 인슐린을 모아 당뇨병 환자에게 주사할 수 있었다. 동물의 췌장을 확보하는 것에 비하면 유전자 변형 대장균을 번식시키는 일은 간단하고 비용도 적게 드는 데다 대량생산이 가능했기 때문에 당뇨병 치료제의 가격은 많이 저렴해졌다. 또 사람의 유전자로 만든 인슐린이라 부작용도 크게 줄었다.

유전자 재조합으로 인슐린이 대량생산되자, 그동안 치료하기 어려웠던 난치병 치료제들도 이와 비슷한 방법으로 잇달아 개발되기 시작했다. 환자 스스로 만들지 못하는 면역 인터페론Interferon이나 호르몬을 대량 생산하게 된 것이다. 덕분에 많은 환자들이 오랜 질병의 고통에서 벗어날 수 있게 되었다.

유전자가위 기술은 치료제뿐만 아리라 예방주사용 백신을 개발할 때도 큰 변화를 불러일으켰다. 백신이란 우리 몸에 바이러스나 세균이 들어와 싸우기 전에 힘이 약한 바이러스나 세균을 주입하는 것이다. 우리 몸은 이것들과 싸워서 이기며 다음에 쓸 '항체'라는 무기를 만들어서 보관한다. 나중에 진짜 강한 세균이나 바이라스가 몸에 침입하면 미리 만들어둔 항체를 내보내 싸우고 대부분 이긴다.

그런데 실험실에서 백신 개발을 위해 바이러스나 세균을 배양해 약하게 만들려면 상당한 시간이 걸린다. 전염병이 빠른 속도로 퍼지고 있을 때는 하루라도 빨리 백신을 만들어야 하는 데 말이다.

이런 문제점을 해결하기 위해 백신 생산에도 유전자가위 기술이 도입되었다. 우선 바이러스의 DNA 염기서열을 분석한 뒤 여기에서 독성을 뺀 유전자 설계도를 만든다. 이 설계도에 따라 바이러스의 유전자를 유전자가위로 자르고 붙여 독성이 약해지게 한 뒤, 이것을 백신 생산에 이용한다. 이 외에도 바이러스의 유전자 정보를 동물 세포에 주입해 바이러스의 껍질 중 일부만 만들게 한 뒤, 이것을 이용하는 방법도 있다. 바이러스 껍질에는 독성이 없기 때문에 백신으로 이용하면 효과적이다. 바이러스에 감염되지 않고도 바이러스에 대한 항체를 만들 수 있게 해주기 때문이다.

전 세계적으로 퍼지는 유행병을 막으려면 그때그때 새로운 백신을 재빨리 만들어내야 하므로 이제 유전자가위는 백신 제조에 꼭 필요한 기술이 되어가고 있다.

말라리아와 유전자가위

유전자가위는 우리 몸에 침입자가 들어오는 길을 아예 없애는 데도 이용된다. 예를 들어 말라리아 모기는 말라리아 원충이 우리 몸에 들어올 수 있는 길을 만드는 해충이다. 이 모기는 말라리아를 옮겨서 해마다 전 세계적으로 인간을 가장 많이 죽이는 동물로 악명이 높다.

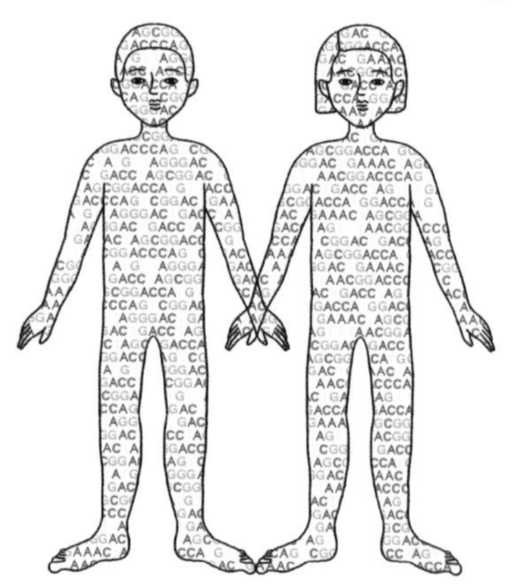

모기가 말라리아 원충에 감염된 상태에서 사람을 물고 2주 정도 지나면 물린 사람의 몸에도 말라리아 감염 증상이 나타난다. 사람에 따라서는 몇 달이 지나서야 나타나기도 하는데, 모기가 옮긴 말라리아 원충이 자라는 데

시간이 걸리기 때문이다.

다행히 치료제들이 발견된 뒤부터는 말라리아로 목숨을 잃는 경우가 크게 줄었다. 그 중에서도 개똥쑥에서 얻을 수 있는 아르테미시닌artemisinin은 특효약이다. 하지만 환자 수에 비하면 치료제의 양이 너무 적어서 가난한 나라의 환자에게까지 혜택이 돌아가지 못하는 문제가 있다. 과학자들은 유전자가위 기술로 이 문제를 해결하기로 했다. 개똥쑥 유전자에서 아르테미시닌을 만드는 부분을 잘라내 쉽게 번식하는 대장균과 효모에 집어넣어 대량 생산하는 방법을 찾아낸 것이다.

하지만 제약회사들은 이 방법을 적용해 값싼 치료제를 생산하는 데 적극적으로 나서지는 않고 있다. 이미 개똥쑥을 재배하는 곳이 늘어나 아르테미시닌을 만드는 비용이 떨어졌기 때문이다. 개똥쑥으로 만든 아르테미시닌이 비쌀 때라면 유전자 재조합으로 만든 약을 훨씬 싸게 팔아 많은 이익을 남길 수 있다. 하지만 개똥쑥의 생산이 늘면서 유전자 재조합으로 만든 말라리아 치료제는 큰 이익을 남길 수 없게 된 것이다. 당연히 기업들은 이익을 많이 남기지 못하는 사업에는 뛰어들지 않는다. 자본주의 사회에서 기업이란 어느 정도 이익을 남겨야 하기 때문이다.

이처럼 유전자가위 기술이 적용된 제품이 자연에서 얻을 수 있는 천연 제품을 대신하지 못하게 되는 경우는 얼마든지 있다. 하지만 천연제품을 대량으로 만들다보면 자연을 훼손하거나 생태계를 교란시킬 수 있다는 사실도 염두에 두어야 한다. 이제는 경제적인 관점뿐 아니라 환경보호 차원에서 유전자 기술을 적극적으로 도입해야 할 때다.

미국 플로리다 주 정부는 말라리아에 대한 정말 특별한 해결책을 생각해냈다. 2년에 걸쳐 유전자를 조작한 7억 5,000여만 마리의 모기를 풀어놓기로 한 것이다. 'OX5034'이란 특별한 이름을 가진 이 유전자 조작 모기는 수컷이다. 이 모기가 야생 암컷 모기와 교배해 태어난 새끼가 암컷이면 유충 단계에서 죽는다. 새끼가 수컷이라 살아남는다고 해도 암컷이 점점 줄어들면 번식하기가 어려워진다. 결국 시간이 흐르면 암컷은 완전히 사라지고 모기는 멸종할 것이다.

해마다 말라리아에 감염되는 수백만 명의 환자와 목숨을 잃는 수십만 명을 생각하면, 이보다 확실한 해결책도 없다. 게다가 따로 살충제를 쓸 필요도 없고 초기 개발비를 제외하고는 비용도 거의 들어가지 않는다. 그저 유전자 조작한 모기만 풀어 놓으면 되기 때문이다. 하지만 말라리아모기를 완전히 멸종시키겠다는 발상 자체가 지나치게 인간의 입장만 생각한 결정은 아닌지 의문을 품지 않을 수 없다.

말라리아모기가 사라지면 모기를 주로 잡아먹고 살던 생물도 개체수가 줄어든다. 즉 모기 한 종만 사라지는 것이 아니고, 다른 여러 종의 동물이 함께 사라질 수도 있다. 이런 식으로 생태계가 교란되면 먹이 피라미드에서 최상위에 있는 인간 역시 피해를 보지 않는다고 장담하기 어렵다. 우리는 지구상의 거대한 생태계가 어떻게 돌아가고 있는지를 전부 알지는 못한다. 따라서 우리가 벌인 일이 얼마나 큰 피해를 불러올지도 미리 정확히 예측하기는 어렵다.

유전자가위로 말라리아모기를 박멸하려는 계획은 정말 특별한 경우다. 전 세계적으로 해마다 말라리아 때문에 죽는 사람이 너무 많기 때문에 어쩔 수 없이 선택한 길이기도 하다. 하지만 하나의 종을 완전히 멸종시키다는 것은 좀더 신중하게 결정해야 할 문제다.

다행인 것은 유전자가위는 생명을 살려내는 일에 더 많이 쓰이고 있다는 사실이다. 심지어 이미 멸종한 생물을 되살릴 수 있다. 현재 매머드의 얼어붙은 사체에서 DNA를 추출해 코끼리의 수정란에 집어넣은 뒤 살려내는 연구가 진행 중이다. 그러니까 죽은 매머드의 DNA로 최대한 그와 똑같은 유전정보를 가진 새로운 생명체를 복제하기 위해 노력하고 있다.

유전자 재조합 동식물

싹을 틔우기 전 배아나 수정란의 DNA를 유전자가위로 교정하는 방법은 이제 농업이나 목축업에서도 널리 쓰인다. 예전에는 품종을 개량하려면 수십 년을 기다리며 몇 세대 걸쳐 좋은 부모를 골라 교배시켜야 겨우 가능했다. 하지만 유전자가위로 DNA에서 필요 없는 부분을 잘라내고 원하는 부분을 붙이는 방법을 도입한 뒤부터는 빠르면 단 몇 개월 만에 더 좋은 품종을 얻을 수 있다. 특정한 영양소가 많이 들어가거나, 병충해에 강한 식물은 물론이고, 빨리 자라 여러 번 열매를 수확할 수 있는 식물도 만들어낼 수 있다. 뿐만 아니라 살코기를 많이 만드는 소, 돼지, 물고기도 태어나게 할 수도 있다. 사실 이런 동식물 중 몇몇 종은 이미 상품화되어 우리의 식탁에 올라오고 있다.

유전자 재조합 동식물은 앞으로도 전 세계의 식량 문제를 해결하는 데 많은 도움을 줄 것으로 예상되지만, 세계 어디서나 환영받는 것은 아니다. 유전자 조작으로 썩지 않고 오래가는 토마토를 바라보면서 방부제를 듬뿍 넣은 빵을 바라볼 때처럼 거부감을 느끼는 사람도 있기 때문이다.

유럽의 환경주의자들은 특히 유전자 조작 식품에 대해 누구보다 예민한 반응을 보인다. 이렇게 된 가장 큰 원인은 영국에서 일어난 광우병 파동 이후 정부에서 식품을 안전하게 관리하고 있지 않다는 인상을 받았기 때문이다. 광우병이 한창 유행하던 1992년경에는 영국에서만 1주일에 1천 마리 이상의 소가 광우병에 감염되는데도 정부에서는 인간에게 전염되지 않는다고 국민을 안심시켰다. 하지만 1994년에는 광우병에 걸린 쇠고기를 섭취한 사람에게서 인간광우병이 발생했고, 이후 많은 젊은이들이 비슷한 증상으로 사망했다.

지금도 유럽에서는 이런 국민정서를 반영해 유전자 변형 작물로 만든 식품에 대해 까다로운 기준을 적용하고 있다. 미국에서는 허용된 많은 식품들이 유럽에선 판매 금지이며, 심지어는 유전자 조작 식물을 시험 삼아 재배하는 경작지를 습격하는 단체도 있을 정도이다. 이 사람들은 대부분 환경주의자들인데, 사실 유전자 조작 작물은 대부분 환경에 더 좋은 영향을 끼친다. 해충에 저항하도록 유전자 교정을 받은 작물을 키울 때는 그만큼 살충제를 덜 뿌려도 되기 때문이다. 게다가 살충제를 경작지로 실어와 뿌리기 위해 사용하는 연료 사용이 줄기 때문에 이산화탄소 같은 유해물질 발생도 줄일 수 있다.

유전자 조작 식품을 혐오하는 사람들은 서로 다른 종간의 유전자 교환을 통해 생겨난 작물은 몸에 해롭다는 편견을 가지고 있는 듯하다. 하지만 지금도 미생물 세계에서는 서로 다른 종간의 유전

자 교환이 끊임없이 일어나고 있고, 이 과정에서 일어난 돌연변이는 40억 년에 이르는 생명 진화의 원동력이었다.

그리고 인류는 농사를 짓기 시작한 이후부터 식물 유전자 교정을 일상적으로 해왔다. 처음엔 질 좋은 씨앗을 교배시키거나 원하는 형질을 가진 종끼리 접붙이는 방법을 수도 없이 되풀이했다. 이것은 1만 그루를 길러 원하는 1그루를 겨우 얻는 과정이기도 했고, 모래밭에서 바늘을 찾는 것처럼 정말 오랜 시간이 걸리는 작업이기도 했다. 어쨌든 그렇게 해서 낟알이 듬성듬성 붙어 있던 야생 옥수수, 벼, 밀을 알곡이 꽉 들어찬 작물로 개량할 수 있었다.

근대 과학이 발달한 후에는 종자에 방사선을 쏘여 DNA에 돌연변이를 일으키는 방법을 쓰기도 했다. 이것은 돌연변이가 가져온 여러 가지 유전자 변화 중에서 우수한 것을 선택하기 위한 과정이었다. 오랜 시간에 걸쳐 자연적으로 일어날 DNA 변이를 인간 스스로 통제해 보겠다는 욕망이 이때부터 제대로 시동을 걸기 시작했다고 볼 수 있다.

지구를 살리는 유전자가위

유전자가위 기술 덕분에 인간은 해로운 생명체는 없애고, 필요한 생명체는 새롭게 만들어낼 수 있는 마술 지팡이를 얻었다. 물론 이 지팡이를 잘못 휘둘러 환경이 파괴되고 지구의 생태계가 무너지면 결국 인간도 살아남기 어렵게 될 것이다. 그래서인지 요즈음은 지구의 환경을 지키기 위해 유전자가위를 사용하려고 노력중이다. 그 중 하나로 가축이 배출하는 온실가스를 줄이는 방법에도 유전자가위가 쓰인다.

소와 양을 포함한 여러 가축은 우리에게 고기, 우유 그리고 가죽까지 내어주는 고마운 동물이다. 하지만 이들은 좋지 않은 것도 함께 준다. 바로 소화기관에서 만들어내는 트림이나 방귀 같은 가스다. 이 가스는 주로 메탄으로 이루어졌는데, 온실가스의 주범이자 지구 온난화의 원인이다. 지금 지구에는 15억 마리가 넘는 소가 있고, 소들이 매일 트림을 하거나 방귀를 뀔 때 내보내는 메탄은 인간이 만들어내는 온실가스의 30% 이상을 차지할 정도다. 트림이나 방귀라고 우습게 볼 일이 아니다.

과학자들은 소의 위장 속에 사는 미생물이 메탄을 만든다는 것을 알아냈고, 메탄 배출과 관련된 유전자를 20여 가지나 찾아냈다. 결국 한 마리의 소가 트림과 방귀로 얼마나 많은 메탄을 뿜어내는지가 태어날 때 이미 결정되는 것이다. 게다가 장내에 메탄을 만드는 미생물이 많이 가진 소는 자신과 닮은 송아지를 낳는다. 즉 엄마소가 트림과 방귀로 메탄을 많이 배출하면, 그 소가 낳은 송아지도 마찬가지다.

과학자들이 우선 생각해낸 해결책은 유전자 검사를 해서 메탄을 적게 만드는 소끼리 교배시키는 것이다. 메탄을 적게 만드는 소를 골라 사육하면 소의 온실가스 배출량이 절반으로 줄어든다. 하지만 원하는 유전자를 가진 소끼리 교배시켜 메탄가스를 줄이는 방법은 많은 시간이 걸린다. 과학자들은 유전자 재조합을 통해 메탄을 적게 만드는 소를 대량으로 태어나게 할 수는 없을까 고민 중이다.

그 외에도 실을 뽑아내는 유전자를 미생물에게 주입한 뒤 대량으로 번식시켜 여기서 얻은 실로 섬유를 짜는 방법도 있다. '소로나sorona'라는 섬유는 유전자를 재조합한 효모나 세균이 옥수수의 당을 원료로 만들어낸 실로 짠 것이다. 이런 제품은 공장의 기계가 아니라 살아있는 생명체가 만든 것이라 바이오bio 섬유라고 한다. 소로나 같은 바이오 섬유로 만든 카펫이나 의류는 질기고 때도 잘 타지 않아서 인기를 끌고 있다.

그런데 바이오 섬유가 주목을 받는 또 다른 중요한 이유는 온실가스 때문이다. 바이오 섬유에 쓰이는 실은 미생물이 자아내는 것이기 때문에 나일론 섬유를 만들 때보다 기계를 훨씬 적게 사용한다. 기계를 적게 사용한다는 것은 그만큼 화석 연료를 태워 만든 전기를 덜 쓴다는 뜻이다. 그 결과 바이오 섬유를 만들기 위해 배출하는 온실가스는 나일론 섬유를 만들 때보다 60% 이상 줄어들었다.

유전자 변형 미생물은 바이오 섬유만이 아니라 바이오 연료를 생산할 수도 있다. 이런 미생물은 버려지는 목재 쓰레기나 종이상자를 발효시켜 연료를 만들기 때문에 지구의 환경을 지키는 데 한몫을 한다. 심지어 유전자 변형 미생물을 이용해 온실가스 중 하나인 이산화탄소를 연료로 바꾸는 기술도 개발 중이다. 그 외에 개발 중인 것으로는 오염된 공기에서 독성 성분을 제거하는 유전자 변형 미생물도 있다.

합성생물학의 등장

이처럼 미생물의 유전자를 교정하는 방법보다 한 발 더 나아간 것은 필요한 유전자를 컴퓨터로 설계해 만들어내는 것이다. 미생물의 설계도에 따라 DNA 조각을 넣어 새로운 생명체를 만드는 것 말이다. 비록 눈에 보이지도 않는 미생물이지만, 인간의 과학기술은 어느새 원하는 생명체를 만드는 수준에까지 오고 말았다. 반도체 부품을 조립해 컴퓨터를 만들 듯 DNA 설계도에 따라 생물부품을 조합해 생명체를 만드는 일은 그동안 공상과학 영화에서나 가능한 일이었지만, 요즘은 '합성생물학'이란 이름 아래 실용화되고 있다.

합성생물학의 등장과 함께 생겨난 새로운 직업이 있다. 바로 유전자 분석전문가와 유전자 합성전문가이다. 유전자 분석전문가는 각종 생물체의 DNA염기서열을 분석하는 일을 한다. 유전자 분석기로는 한 번에 분석할 수 없는 DNA를 특수한 방법을 통해 원하는 크기만큼 분석하기도 하고, 일부 유전자는 유전자 증폭기로 증폭한 후 그 유전자만이 가진 특성을 알아내기도 한다.

유전자 합성전문가는 여러 실험에 필요한 DNA 가닥을 화학적으로 합성해 만들어내는 일을 한다. 합성 DNA는 병원과 연구소 등의 주문을 받아 제작하는 것으로, 환자를 진단하고 새로운 치료를 개발하는 데 쓰인다. 앞으로도 이 분야에는 전문 인력이 많이 필요할 것으로 보이므로 독자들도 많은 관심을 가져보기 바란다.

생명복제 기술

판도라는 그리스 신화에 나오는 최초의 여자로, 인류의 모든 불행이 이 여자로부터 시작되었다는 억울한 누명을 쓰고 있다. 신화에 따르면 판도라가 호기심을 못 이겨 신에게 선물 받은 상자를 여는 바람에 그 안에 갇혀 있던 온갖 불행이 인간 세상으로 쏟아져

나왔다는 것이다. 하지만 정말 판도라의 상자에서 튀어나온 것들 때문에 인류가 불행해졌을까? 절대로 그렇지 않다. 그 이유는 뒤에 알려주겠다.

그전에 먼저 생명복제기술로 우리가 판도라의 상자를 열게 된 이야기부터 해보자.

생명복제기술로 판도라의 상자를 열었다는 것은 인간이 이 기술로 무언가 위험한 일들을 벌였다는 의미다. 아마도 그중에서 가장 위험한 것은 생명복제기술로 나와 똑같은 인간을 만들 수 있게 된 것이 아닐까 싶다. 인간복제가 왜 위험한지를 알아보려면 생명복제의 역사부터 살펴보아야 한다.

최초의 동물복제는 19세기 말부터 시도되었다. 부모의 생식세포인 정자와 남자가 결합한 수정란은 이후 신체기관을 만들기 위해 2개, 4개, 8개… 등으로 계속 나누어진다. 이때 머리카락 같은 것으로 나뉘는 부분을 확실하게 묶으면 여러 개의 수정란으로 완전히 분리시킬 수가 있다. 이 수정란은 하나의 세포나 마찬가지이므로 핵 속에는 DNA를 가지고 있고, 모두 성체로 자랄 수 있다. 그리고 원래 하나의 수정란에서 갈라져 나온 것이기 때문에 모든 DNA들에는 똑같은 유전정보가 들어 있어 여러 마리의 똑같은 개체를 얻을 수 있다. 실제로 실험에서 도롱뇽 하나의 수정란을 여러 개로 분리했더니 모두 똑같은 유전정보를 지닌 도롱뇽이 여러 마리 태어나기도 했다.

만일 소에게 이 방법을 적용하면 하나의 수정란으로 여러 마리의 송아지를 얻을 수 있다. 예를 들어 8개로 분리시킨 수정란들을 대리모 역할을 하는 소의 자궁에 착상시켜 아홉 달이 지나면, 똑같은 송아지 8마리가 태어난다. 그런데 이런 방법으로 실험을 했더니 복제 성공률이 20%에 머물렀다. 수정란이 대리모의 자궁 안에 제대로 자리잡지 못했기 때문이다. 과학자들은 수정란이 좀 더 안정적으로 자랄 수 있도록 해줄 방법을 찾기 시작했다.

새로 도입한 방법은 분리한 수정란들 모두로부터 DNA가 들어 있는 핵만 빼내어 미리 준비해둔 건강한 난자에 넣어주는 것이다. 이 난자는 미리 핵을 제거해 둔 상태이기 때문에 새로운 핵을 받아들인 뒤 마치 수정란이 된 것처럼 대리모의 자궁에서 자리잡고 자라기 시작했다. 이런 복제방법은 고기 맛이 좋거나 우유를 많이 만들어내는 소를 얻기 위해 사용되었다. 이때 같은 수정란에서 복제된 송아지들의 유전정보는 모두 같다. 마치 일란성 쌍둥이가 여러 마리 태어났다고 보면 된다. 이렇게 태어난 소들은 처음에 수정란을 제공해 준 어미의 유전정보와 비교하면 절반만 일치한다. 앞에서 이야기했듯이 모든 수정란은 부모의 유전정보가 절반씩 합쳐질 때 만들어지기 때문에 수정란을 제공해준 개체의 유전정보와 절반만 일치하는 것이다. 나머지 절반은 아버지

복제 양 돌리와 돌리를 만든 영국 로슬린연구소 이언 윌멋 박사

돌리라는 이름으로 불리게 된 이 양은 체세포의 핵을 제공한 어미 양과 유전적으로 완전히 똑같은 복제동물이었다.

의 몫이다.

1996년 영국의 한 연구소에서 체세포에서 빼낸 핵을 난자(핵이 제거된 것)와 결합시켜 수정란으로 바꾸는 데 성공했다. 수정란이 아닌 체세포에서 얻은 핵이기 때문에 양부모의 유전자가 아니라 오롯이 한 개체의 유전정보만 가진 난자가 만들어진 것이다. 보통 난자는 감수분열한 뒤 염색체가 절반으로 줄어든 상태이기 때문에 배우자의 생식세포와 수정되어야 염색체 수가 정상으로 돌아와 성장하기 시작한다. 그런데 복제를 위해 만든 이 난자는 체세포의 핵을 집어넣었기 때문에 염색체 수가 정상이다. 따라서 체세포 핵이 난자 속으로 잘 들어가도록 전기충격만 주면 배아로 자라날 수정란이 되어 성장할 수 있다. 이 실험에서 사용한 핵은 양의 젖샘 세포에서 빼낸 것이었다. 젖샘 세포의 핵으로 만든 수정란은 대리모 역할을 하는 양의 자궁에 무사히 자라기 시작했다. 그리고 다섯 달 정도 지나자 복제양이 태어났다. '돌리'라는 이름으로 불리게 된 이 양은 체세포의 핵을 제공한 어미 양과 유전적으로 완전히 똑같은 복제동물이었다.

그전에 수정란에서 핵을 빼내 복제했을 때는 핵을 제공한 어미 양과 유전정보의 절반만 일치했다면, 이번에는 태어난 돌리는 체세포를 제공한 어미 양과 유전정보가 완전히 일치하는 복제양이었다. 돌리의 탄생으로 사람들은 체세포만 있으면 똑같은 생명체를 만들어낼 수 있다는 것을 알게 되었다.

이후 소, 쥐, 염소 등을 복제한 동물이 태어났고, 우리나라에서도 복제 소 '영롱이'와 '진이'가 태어났다. 체세포에서 빼낸 핵을 난자와 결합하도록 전기 충격을 가하는 방법 대신 직접 안전하게 집어넣는 방법이 개발되면서 복제성공률도 아주 높아졌다. 최근 중국에서는 인간과 유전정보가 거의 일치하는 원숭이 복제에도 성공했다. 과학자들은 100개가 넘는 복제 수정란을 만들어 21마리의 원숭이 대리모에 나눠 착상시킨 뒤, 두 마리 복제 원숭이가 태어나도록 했다.

유전자 교정치료

이제 슬슬 궁금해질 것이다. 원숭이 복제가 가능하다면 인간복제도 가능하지 않을까? 물론 가능하다. 손톱이나 머리카락을 통해 몸에서 떨어져 나온 체세포를 하나만 구할 수 있어도 자신과 유전정보가 똑같은 복제인간을 만들 수 있다. 하지만 지금 이것을 허용하는 나라는 지구상에 없다. 사실 인간의 유전체 복사뿐만 아니라 배아 단계에서 유전자 교정치료를 하는 것도 금지되어 있다. 그러니까 성체 인간으로 자랄 수 있는 세포의 DNA를 함부로 건드리는

것 자체가 법률적으로는 금지다.

2018년 중국 과학자 허젠쿠이는 이 금기사항을 어겨 큰 논란을 일으키고, 결국 징역 3년과 벌금 300만 위안을 선고받았다. 그는 에이즈 보균자인 부모에게서 태어날 아이의 배아에서 에이즈를 일으키는 유전자를 유전자가위로 제거해 주었다. 이 배아는 무사히 자궁에 착상해 쌍둥이 아기로 태어났다.

이 일이 알려지자 유전자 교정이 인체에 얼마나 해로운지가 검증되지 않은 상태에서 아이들을 실험도구로 사용했다는 것에 비난이 쏟아졌다. 그가 제거한 에이즈 관련 유전자가 결핍되면 수명이 평균보다 20%가 짧아진다는 연구 결과도 있기 때문에 이 실험은 더욱 무모한 시도로 보일 수밖에 없었다. 또 유전자가위로 사용된 효소가 원치 않는 부분을 잘라내 돌연변이를 일으킬 가능성도 있다. 특히 DNA는 작은 자극에도 쉽게 변이를 일으키고, 유전자에서 일어난 변화는 우리 몸에 어떤 결과로 나타날지 모르기 때문에 더욱 조심해야 한다. 유전자를 교정하려다가 생긴 문제를, 아이가 태어난 뒤에야 알 수 있다면 가족들의 슬픔은 얼마나 클 것인가. 그렇다고 아이가 태어나기 전으로 돌아가 다시 유전자 교정을 할 수도 없다. 허젠쿠이 사건 이후 과학자들 사이에서는 "부모가 원하는 '맞춤 아기'를 낳기 위해 유전자 편집 기술이 사용되어선 안 된다"는 목소리가 높아졌다.

하지만 지금도 많은 사람들이 배아단계에서 치료를 받지 못해 평생 동안 유전병에 시달리며 고통받는 것이 현실이다. 배아 단계의 유전자 치료로 이 사람들의 고통을 덜어주고, 생명을 구해줄 수 있다면, 과연 이 치료법을 언제까지 막을 수 있을지도 의문이다. 아마도 정말 안전한 치료법이 개발되는 날부터 이 금지는 풀리게 될 것으로 보인다.

줄기세포 치료

요즘은 금지된 배아 단계의 유전자 치료를 대신해 주목받고 있는 것이 줄기세포 치료이다. 줄기세포는 다양한 세포를 만들어낼 수 있는 공장이다. 종류는 세 가지로 나뉘어, '배아줄기세포', '성체줄기세포', '유도만능줄기세포'가 있다.

배아줄기세포는 수정란이 처음으로 분열할 때 생겨난다. 우리 몸의 모든 기관의 세포로 자랄 수 있다. 성체줄기세포는 이미 다 자란 신체 조직과 기관 속에 들어 있는데, 특정한 조직의 세포로만 자랄 수 있다. 예를 들어 피부에 있는 성체줄기세포는 신경이나 근육을 만드는 세포로 자란다. 골수에 있는 줄기세포인 조혈모세포는 적혈구, 백혈구, 혈소판 등으로만 자란다. 성체줄기세포는 환자로부터 직접 얻을 수 있기 때문에 다른 사람의 수정란을 이용해 얻는 배아줄기세포에 비해 면역거부반응도 적은 장점이 있다. 하지만 얻을 수 있는 양이 적다는 게 문제이다.

이에 대한 해결책으로 개발된 것이 '유도만능줄기세포'이다. 우리 몸에 있는 100조 개의 세포는 모두 같은 DNA를 가지고 있다. 그런데 어떤 세포는 줄기세포가 되고, 어떤 세포는 체세포가 된다.

2012년 노벨생리의학상을 받은 일본의 야마나카 신야는 DNA에 있는 특정 유전자가 발현되는지 아닌지에 따라 이런 차이가 생길 것이라고 가설을 세우고 연구를 시작했다. 그리고 드디어 이 일에 관여하는 4개의 특별한 유전자를 찾아냈다. 이 4개의 유전자를 주입하면 체세포를 배아줄기세포 상태로

유도해 '유도만능줄기세포'가 된다. 그런데 현재의 유도만능줄기세포는 배아줄기세포와 마찬가지로 신체 각 조직을 재생하는 데 쓰일 수는 있지만 암 세포를 만들 위험성도 있기 때문에 치료에 쓰이지는 않고 있다. 대신 악성종양 발생 문제만 극복한다면, 인간의 생명을 연장할 수 있는 만능 치료방법이 될 것으로 큰 기대를 받고 있다.

어쨌든 이런 유전자 교정 기술들 덕분에 인간의 삶이 크게 향상된다 해도, 좋은 유전자만 골라 맞춤아기를 만들어내는 유전자 편집만은 영원히 금지되었으면 한다. 부모 덕분에 유전자 교정을 받은 사람들만이 상류층을 이루는 불평등한 계급사회를 만들 수 있기 때문이다. 사회가 아무리 풍요롭다고 해도 불평등이 있으면, 특권을 누리지 못하는 다수는 불행해질 수밖에 없다.

우리가 과학기술을 개발하는 것도 좀 더 많은 사람들이 행복해지기 위해서다. 하지만 아무리 소수라도 약한 사람들의 인권을 짓밟는 기술이라면, 정부가 나서서 관리하고 금지하는 것이 마땅하다.

판도라의 상자

잊지 말아야 할 사실이 한 가지 더 있다. 유전자 기술에 인권이 짓밟힐 수 있는 사람 중에는 복제인간도 들어간다는 것이다. 복제인간도 삶을 살아가기 시작한 순간부터는 그냥 평범한 시민이 된다. 산부인과 병원의 시험관에서 인공수정으로 태어난 아기들이 차별받지 않고 평범한 시민으로 살아가듯이 말이다. 그러나 언제가 될지는 모르겠지만, 우리가 이런 복제인간들의 인권을 지켜 줄 수 있을 때까지는 인간복제라는 판도라 상자를 열어서는 안 될 것 같다.

이 장의 첫머리에서 판도라가 상자를 열었을 때 튀어나온 것은 불행이 아니었을 것이라고 말했다. 제우스가 정말 인간을 불행하게 만들고 싶었다면, 그냥 벌을 주면 된다. 그런데 굳이 인류에게 판도라라는 최초의 여자를 선물하고, 또 그녀에게 선물상자를 줘서 열게 했다. 제우스가 판도라를 통해 주고 싶었던 것은 불행이 아니라, 인간이라면 누구나 겪게 될 불행과 맞서 싸울 희망과 용기가 아니었을까. 신화에는 선물 상자에 마지막까지 남아 있었던 것이 희망이라고 하는데, 희망은 언제든 용기를 데리고 다닌다.

과학자들이 합성생물학 연구로 생명체를 만들고 복제하는 것은 마치 판도라의 상자를 여는 일과도 같다. 너무나 많은 위험과 불행

의 씨앗이 그 속에 들어 있기 때문이다. 하지만 그것들과 지혜롭게 맞서 싸운다면 새로운 차원의 인류 문명을 이루게 될 것이다. 그리고 그것은 판도라의 상자 안에 마지막까지 남아 있었던 희망을 잃지 않은 사람들만이 할 수 있는 일이다. 암울한 미래만을 상상하며 판도라의 상자를 왜 열었냐고 원망하고 불평하는 사람들은 그들만의 지옥 같은 세상에 갇히고 말 것이다.

흥미로운 염색체들

게놈genome은 요즘 '유전체'로 더 자주 불린다. 유전체란 유전자와 염색체를 합쳐 만든 말로, 한 생물이 가지고 있는 유전정보 전체를 뜻한다. 우리 몸 세포의 핵마다 23쌍의 염색체가 들어있고, 이 23쌍의 염색체에 들어 있는 모든 유전정보를 '인간 게놈'이라고 한다.

'인간 게놈 프로젝트'는 23쌍 염색체를 구성하는 30억 개 DNA 염기쌍이 전달하려는 유전자의 위치를 알아내 유전자 지도를 완성하는 일이다. 이때 염기쌍이란 DNA 상에서 두 개의 염기가 자물쇠 구멍에 열쇠가 맞아들어 가듯이 서로 상보적인 원리에 따라 결합한 것을 말한다. 인간 게놈 프로젝트에는 세계 각국의 우수한 과학자들이 뛰어들어 인간 유전자의 종류와 기능을 밝혀냈고, 이를 이용해 유전자로 질병을 진단하고, 난치병을 치료하고 예방할 수 있는 길이 열렸다.

그렇다면 각각의 염색체에 들어 있는 유전자는 어떤 특색을 가지고 있을까?

사람과 침팬지는 유전자의 2% 정도만 다르다. 이 정도면 거의 같다고 볼 수 있는데, 막상 두 종이 살아가는 모습을 보면 천지차이다. 아마도 이런 차이는 염색체로 이루어진 유전체의 전체적인 구성이 다른 데서 오는 것이 아닐까 추측해본다. 사람의 유전체는 23쌍 염색체로 이루어졌고, 침팬지는 24쌍 염색체로 이루어졌다. 염색체 수를 보면 알 수 있듯이 양보다는 질이 문제다.

사람의 염색체 중 두 번째로 큰 2번 염색체가 바로 이런 질적인 차이를 낳은 장본인이다. 이 염색체는 침팬지 같은 유인원이 가지고 있는 24개 염색체 중 두 개가 하나로 뭉쳐진 것으로 추측된다. 염색체를 염색하면 보이는 띠 모양 무늬를 관찰한 결과에 따르면, 2번 염색체에서 유인원의 염색체에서 보이는 2개의 띠가 합쳐진 모습이 나타났기 때문이다. DNA 진화 역사에서 현재 인간 유전체에 2번 염색체가 나타난 순간이야말로 유인원이란 종이 인간으로 진화한 시점일지도 모른다.

4번 염색체에는 '헌팅턴 병'이라는 치명적인 질병을 일으키는 유전자가 있다. 이 염색체에서 CAG라는 염기서열이 39번 이상 반복되면, 30~40세 사이에 이 병의 증세가 나타나기 시작한다. 원인은 비정상적으로 반복되는 CAG가 운동을 조절하는 소뇌에 단백질 덩어리를 만들어 신경세포를 손상시키기 때문이다. 헌팅턴 병의 초기에는 자신의 의사와 상관없이 환자의 팔다리가 마구 움직여서 춤을 추는 듯이 보인다. 그래서 또 다른 이름은 '무도병'이다. 병이 시작되면 지능이 점점 떨어지다가 우울증에 걸리고, 환상이나 망상을 보기도 하며 결국 죽음에 이른다. 헌팅턴 병 유전자는 우성이기 때문에 부모로부터 하나씩 물려받은 4번 염색체 중 하나에만 이 유전자가 있어도 증세가 나타난다. CAG가 기이하게 반복되는 유전자를 교정하기 전에는 어떤 약으로도 치료할 수 없다.

7번 염색체에는 뇌에서 언어 기능을 담당하는 부분의 발달과 관련된 유전자가 있다. 언어학자 촘스키Avram Noam Chomsky는 모든 언어에는 공통적으로 사용되는 인간적인 문법이 있다고 주장했다. 예를 들어 누가 행동을 하는지를 나타내는 주어, 그 사람이 어떤 행동을 하는지를 나타내는 동사, 그런

동작을 어떤 대상을 향해 하는지를 나타내는 목적어는 어떤 언어에서나 구분할 수 있다. 영어와 우리말처럼 어순이 거꾸로 된 경우에도 주어, 동사, 목적어의 구분은 뚜렷하다. 이것은 인간의 뇌에 언어를 배울 줄 아는 기능이 있고, 선천적으로 그것을 만들어내는 유전자가 있기 때문에 가능한 것이다. 하지만 7번 염색체에 있는 언어 담당 유전자에 문제가 생기면 말을 잘 알아듣지도 못하고, 유창하게 하는 것도 어렵다. 경우에 따라서는 말을 하기는 하지만 주의 깊게 들어보면 문법이나 앞뒤 맥락도 맞지 않아 시끄러운 소음에 지나지 않는다.

9번 염색체에는 혈액형을 결정하는 유전자가 있다. 이 유전자는 인간이 가진 전체 유전자 중에서 중간 정도 크기다. A형과 B형을 결정하는 유전자는 모두 1,062개의 염기로 이루어졌는데, 이중에서 7개가 서로 다르다. O형과 A형은 염기 1개만 차이가 나는데, A형을 나타내는 염기서열 중 258번째 염기인 G구아닌이 없으면 O형이 된다. 염기 하나가 빠지면서 뒤에 따라 오는 유전암호의 의미가 순식간에 바뀌어 일어난 일이다. 혈액형이 달라지면, 혈액형을 결정하는 유전정보에 따라 만들 수 있는 단백질도 달라지기 때문에, 몸에 침입한 세균에 저항할 수 있는 면역기능도 달라진다. 예를 들어 A형은 어린 시절에 설사를 일으키는 세균에 감염되기 쉽고, B형은 다른 종류의 특정 세균에 감염되기 쉽다. 한편 O형은 콜레라에 감염되기 쉬우며, 콜레라에 대한 저항력이 가장 강한 혈액형은 AB형이다. 세균 감염에서는 O형인 사람들이 좀 억울해 보이지만, 대신 이들은 말라리아에 저항성이 있고, 암에 걸릴 확률도 다른 혈액형에 비해 낮다.

10번 염색체에는 우리가 스트레스를 느끼도록 만드는 코티솔Cortisol을 만드는 유전자가 있다. 오랫동안 지속적으로 스트레스를 받으면 몸에서는 코티

솔이 증가한다. 이에 따라 우리 몸은 적을 공격하기 위한 상태가 되어 심장박동이 빨라지고, 백혈구의 면역시스템은 억제된다. 한정된 에너지를 사용해 적을 공격해야 하기 때문에 면역시스템으로 가는 에너지를 줄이기 때문으로 보인다.

면역시스템이 억제되면 감염이 시작되거나 앓고 있던 질병이 심해진다. 그런데 코티솔을 만드는 유전자는 스스로 스위치를 켜고 활동을 시작하지는 않는다. 뇌가 스트레스를 받는다고 신호를 주어야 이 유전자의 작동 스위치에 불이 들어온다. 예를 들면 사랑하는 사람이 죽거나 시험이 코앞에 닥치면 무의식적으로 뇌는 뇌하수체에 신호를 보내고, 뇌하수체는 신장 위에 있는 부신이라는 기관에 신호를 보내 코티솔을 분비하게 만든다. 낙천적인 사람에 비해 조바심이 심한 사람은 이런 과정이 더 민감하게 진행되므로 자주 바이러스에 감염되고 입가에 발진이 생기거나 감기에도 쉽게 걸린다.

12번 염색체에는 우리 몸이 어떤 순서에 따라 어떻게 구성되어야 할지를 정해 주는 호메오유전자homeogene가 있다. 이 유전자는 인간의 몸을 완성하기 위한 조립설명서와도 같다. 과거에 사람들은 정자에 축소된 인간이 있고 그 모양을 따라 자궁 속 태아가 자란다고 믿었지만, 사실 우리 몸의 세포들은 호메오유전자의 지시를 받고 있다. 이 유전자의 지시에 따라 어떤 세포는 귀가 되고, 어떤 세포는 발이 된다. 각 세포가 자신의 내용물을 바탕으로 자궁 안 어느 곳에 있는지를 파악하면, 세포핵 안에 있는 호메오유전자는 이 정보를 바탕으로 신체 중 어느 부위가 될지를 결정해 준다.

세포핵이 있는 거의 모든 생물은 호메오유전자를 가지고 있다. 조립설명서와도 같은 이 유전자에 문제가 생기면 기이한 모습을 한 생명체가 태어난다. 실제로 초파리 실험에서 호메오유전자에 X선을 비추어 돌연변이를 일으켰더니 더듬이 자리에 다리가 붙어 나오기도 했다. 그리고 호메오유전자에 담긴 암호배열 순서는 신체의 순서와 일치한다. 예를 들어 머리 부분을 나타내는 암호가 먼저 오고, 그 뒤에 목, 가슴, 배를 나타내는 암호들이 질서 있게 따라붙는다. 인간을 포함한 모든 동물이 자궁 속에서 처음으로 자라나기 시작할 때 서로 닮은 이유도 모두 호메오유전자를 바탕으로 신체를 구성해나가기 때문이다.

호메오유전자 발견을 계기로 지구상의 모든 생명체들은 같은 생명유지 체계 안에서 태어나 살아간다는 것이 더욱 확실해졌다. 거의 모든 생명체가 A, G, T, C이라는 4가지 염기로 구성된 DNA를 설계도 삼아 생명활동을 할 뿐만 아니라, 그 중에서도 호메오유전자 안에 비슷한 순서로 배열된 암호에 따라 신체기관을 만드는 것이다. 초파리와 인간은 겉보기에는 완전히 다른 종이지만, 모두 머리에 눈을 달고 있으며 발끝에 입을 가지고 있지는 않다.

유전자라는 관점에서 볼 때 초파리와 인간이 얼마나 가까운지는 유전자 실험을 통해서도 알 수 있다. 초파리의 유전자 중 하나에 돌연변이를 일으킨 다음 그 자리에 사람의 유전자에서 같은 부분을 잘라 넣어준다. 그러면 초파리는 사람의 유전자를 받았다는 것을 알 수 없을 정도로 감쪽같이 회복된다. 결국 유전자에 대한 많은 연구는 지구상의 모든 생명체가 태초에 하나의 DNA 정보로부터 다양하게 진화해 온 결과물이란 것을 보여준다.

부록
문학과 영화를 통해
알아보는
유전자 이야기

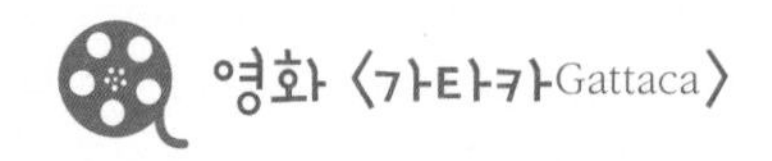

영화 〈가타카Gattaca〉

인류는 아주 오랜 옛날부터 후손에게 우수한 유전자만 물려주어야 한다고 생각했다. 기원전 4세기경 플라톤은 《국가》에서 '최선의 남자들과 최선의 여자들' 사이에서 태어난 아이들만 제대로 양육할 필요가 있다고 주장했다. 또 1860년대 영국의 유전학자인 프랜시스 골턴Sir Francis Galton은 《유전적 천재》(1869)에서 인간의 재능은 유전에 의해 결정되기 때문에, 우수한 사람들끼리 결혼시켜야 우수한 후손을 얻을 수 있다고 주장했다. 골턴은 이런 생각을 바탕으로 '우생학'이란 학문을 창시했다. 우생학이란 인류의 발전을 위해 우수한 유전자를 보존하고 열등한 유전자를 제거하는 방법을 연구하는 학문이다.

골턴의 우생학은 19세기 서구 열강들이 식민지를 개척할 때 원주민을 열등한 종족으로 보고 죽이거나 노예로 삼을 수 있는 근거가 되기도 했다. 우생학에 심취한 사람들은 우월한 서양 사람들이 열등한 원주민을 지배하는 것은 당연한 일이라 생각했고, 심지어 원주민을 자신과 동등한 인간으로 인정하려고도 하지 않았다. 아메리카 대륙이나 필리핀 외딴 섬에서 데려온 원주민을 박물관에 데려다 놓고 전시한 것도 그런 이유 때문이었다.

20세기에 들어 흑인 노예의 수가 늘어나자 미국 정부는 우생학을 근거로 유색인종과 백인의 결혼을 금지했다. 뿐만 아니라 정신 질환자, 유전병 환자, 알코올 중독자, 발달장애자들의 결혼을 금지했다. 이런 무지막지한 법을 만든 가장 큰 이유는 유전적으로 열등한 아이가 태어나는 것을 막기 위해서였다.

제2차 세계대전이 일어나자 독일에서도 미국 못지않은 우생학 지지자들이 나타났다. 바로 히틀러가 이끄는 나치당원들이었다. 이들은 '게르만 족만 우월하고 다른 민족은 열등하기 때문에 게르만 족이 지배자가 되어야 한다'고 주장했다. 그리고 우생학을 근거로 독일의 우수함을 지키기 위해서는 유대인처럼 '유전적으로' 열등한 인간들을 말살해야 한다'고 주장했다. 이 시기에 나치가 학살한 유대인은 600만 명에 이른다. 나치의 주장대로라면 뛰어난 자들이 살아가는 데 불편을 끼치는 약자는 사라져야 한다는 것이다. 그래서 나치는 집시, 동성애지, 장애인들을 제거하는 데도 앞장섰다.

하지만 불완전한 존재인 인간이 다른 인간을 열등하다느니 우월하다느니 함부로 판단하는 것은 결국 학살과 차별이라는 비극을 부를 뿐이다. 우생학은 그것을 주장하는 사람들의 이익에 도움이 되지 않는 사람들을 제거하기 위한 사이비과학에 지나지 않았다. 이 사이비 과학에 휘둘려 수많은 사람들이 목숨을 잃고 인권을 침해당한 뒤에야 우생학은 자취를 감추기 시작했다. 오늘날 일부 인종차별 주의자들은 아직도 우생학을 들먹이지만, 정상적인 생각을 가진 사람들은 아무도 귀 기울이지 않는다.

그런데 첨단과학과 4차 산업혁명이 새로운 시대를 열고 있는 요즈음 우생학이 새로운 옷을 입고 사람들을 유혹하고 있다. 우생학이 선택한 새로운 옷은 유전자가위이다. 이들의 주장대로라면, 유전자가위로 배아의 유전자 교정이 가능해진 이상 굳이 문제가 있는 아이를 낳을 필요가 없고, 배아 상태에서 문제 유전자를 제거하면 부모도 좋고, 앞으로 기나긴 인생을 살아갈 아이도 행복하다는 것이다. 또 사회는 건강한 유전자를 가진 구성원들로 유지되니 더욱 발전하게 될 것이라는 주장이다.

우생학 지지자들 입장에서는 지금 배아의 유전자 교정을 법으로 금지하는 것을 반대하고 싶을 것이다. 하지만 우리가 유전자에 대해 모든 것을 알고 있는 것은 아니다. 우수한 유전자를 가졌다고 선택해서 키운 아이들이 히틀러와 나치처럼 잔인한 인종차별주의자로 자라면 어찌할 것인가?

배아의 유전자 교정이 일반화된 시대를 그린 영화가 있다. 열등한 유전자로 태어난 인간의 분투기를 다룬 〈가타카〉다. 분만실에서 주인공 빈센트가 태어나자마자 간호사는 발뒤꿈치에서 피 한 방울을 뽑아 유전자 검사를 한다. 그리고 앞으로 아이가 앓게 될 질병 이름을 줄줄이 알려준 뒤 마지막으로 이렇게 선언한다.

“심장병에 걸릴 확률은 99%이며, 예상 수명은 30년입니다.”

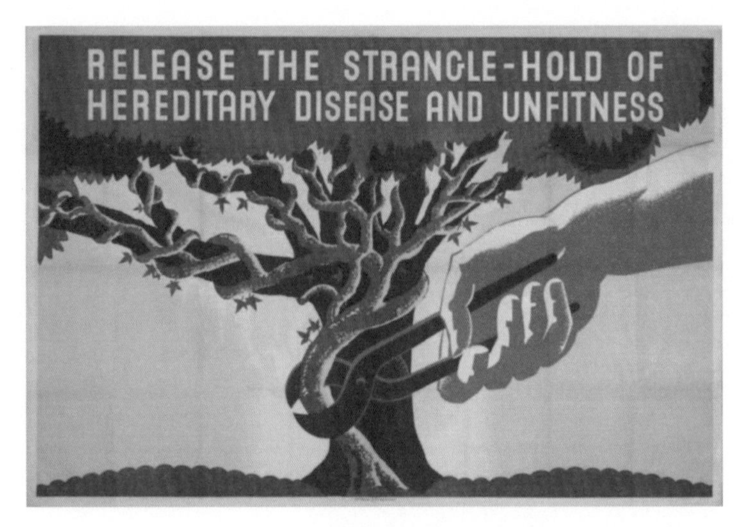

1930년대 우생학 홍보 포스터 © Wellcome Library

이 말을 들은 부모는 큰 충격을 받는다. 점쟁이에게 "아기가 서른 살쯤 심장병으로 죽겠어."라는 말을 들은 것보다 더 슬프다. 점쟁이의 말은 틀릴 수 있지만 유전자 검사라는 과학적 근거는 거의 틀리는 법이 없기 때문이다. 게다가 빈센트에게는 폭력 성향과 집중력 장애 가능성도 크다고 한다. 학교 다니면서 문제아로 찍혀 부모의 속을 썩일 것이 훤히 보인다. 배아의 유전자 검사를 받지 않고 아이를 낳은 것을 후회하고 또 후회해봤자 이미 엎질러진 물이다.

배아의 유전자 교정이 허가되기까지 말도 많았지만, 유전병을 물려줄 수밖에 없는 부모는 가문의 저주를 자기 대에서 끝낼 수 있으니 다행이라고 여겼다. 세상에 자기 자식이 건강하고 우수한 유전자를 가지고 태어나기를 바라지 않는 부모는 없기에 〈가타카〉의 배경이 되는 미래 사회에서 배아의 유전자 교정은 필수다. 그 과정 없이 빈센트 같은 아이를 낳는 것은 재앙에 가까운 일이 되고 만다.

빈센트는 유전자 검사결과에 따라 보험 가입도 거부당하고, 보육원 입소도 거절당한다. 사회에서 철저히 거부하는 아이는 부모에게 평생 짐이다.

빈센트의 부모는 결국 둘째는 인공 수정으로 낳기로 결정한다. 둘째 안톤은 수정된 배아 중 가장 건강한 것을 골라 나쁜 유전자를 제거하고 우수한 유전자만 간직한 맞춤 아기로 태어난다. 같은 부모 아래 태어났지만. 빈센트는 사회 부적격자로 분류되어 단순 노동을 하는 하층계급이 되고. 동생 안톤은 좋은 직장에 다니며 중산층 이상의 삶을 살게 될 것이다.

우월한 유전자를 가진 사람들만 사회지도층으로 살아갈 수 있는 사회에서 열등한 유전자 때문에 부적격자로 살게 될 빈센트. 하지만 그에게도 꿈은 있다. 우주비행사가 되어 하늘을 날고 싶었다. 그런데 우주비행사는 엘리트만 가질 수 있는 직업이었다. 물론 차별 대우는 불법이지만, 우주 비행사에 지원할 때 뽑는 핏속에 담긴 유전자가 합격과 불합격을 가를 것이다. 유전자 교정을 거치지 않아 불리한 유전자가 가득 든 피를 제출한 빈센트는 당연히 불합격이다.

빈센트의 부모는 아들의 쓸데없는 꿈을 결코 응원하지 않았다. 하지만 어느 날 아버지가 현실을 바로 보라면서 심하게 야단치자, 빈센트는 집을 나온다. 이후 막노동으로 돈을 모으고 세계 최고 수영선수의 유전자를 돈으로 산 뒤 신분을 속이고 항공회사에 취직한다. 그리고 피나는 노력 끝에 적격자들을 물리치고 가장 뛰어난 비행사 후보가 되지만, 회사에서 살인 사건이 벌어지면서 신분이 탄로 날 위기에 처한다. 운명의 장난인지 빈센트를 뒤쫓는 수사관은 어릴 때 헤어진 동생 안톤이다. 신분 위장이 얼마나 철저했는지 안톤은 빈센트가 자신의 형이라고는 상상도 하지 못한다.

빈센트는 자신의 신분을 속이기 위해 유전자가 묻어날 수 있는 피부 각질과 손톱을 매일 벗겨내는 모습을 통해 한계를 벗어나려는 인간의 무서운 집념을 보여준다. 이루고 싶은 꿈을 위해서라면 이 정도는 아무것도 아니라는 듯 매일 피나는 노력을 하는 빈센트야말로 인간의 22번 염색체가 얼마나 위대한지를 보여주는 상징이기도 하다. 22번 염색체에는 뇌의 전전두엽에서 발현되는 단백질을 만드는 유전자가 있다. 만일 이 유전자가 제대로 발현되지 않아 전전두엽에 문제가 생기면 완전히 다른 사람이 될 수 있다.

1848년 피니어스 게이지는 미국의 한 철도회사에서 일했다. 어느 날 폭발 사고가 일어나 근처에 있던 철근이 머리를 관통하고 말았다. 다행히 목숨은 건졌지만, 철근에 상처 입은 전두엽은 회복되지 못했다. 사고 후 게이지의 겉모습은 예전 그대로였지만, 성격은 완전히 바뀌었다. 성실하고 양심적이며 부지런했던 사람이 사고 후에는 우유부단하고 무책임하며 아무 때나 상스러운 욕을 내뱉게 되었다. 이 일을 계기로 과학자들은 전두엽이 감정을 억제하며 이성적인 판단과 의사결정을 하는 데 관여할 것이라는 가설을 세우고 연구를 하게 되었다.

오늘날 밝혀진 전두엽의 기능 중 중요한 것은 사회성 발달, 추론, 계획 등이다. 특히 전두엽 중에서도 가장 앞에 있는 전전두엽은 부정적인 감정을 억누르고, 목표를 지향하는 결단을 내리는 데 중요한 작용을 한다. 만일 이 부분에 문제가 있으면, 주의력이 부족해 집중을 하지 못하고 지나치게 불안해 한다거나 주위를 배려하지 못한 채 소란스러운 행동을 하게 된다.

〈가타카〉의 빈센트는 보통 사람들이 흔히 그렇듯이 자신의 23쌍 염색체 안에 많은 문제 유전자를 가지고 있었다. 그래서 유전자로 계급이 결정되는 사회에서 하층으로 밀려났고, 자신의 꿈에 도전할 기회조차 박탈당했다. 하지만 그를 오뚝이처럼 일어설 수 있게 한 것은 22번 염색체의 힘이었다. 빈센트의 전전두엽은 건강했고, 이곳에서 만들어지는 자유의지의 힘은 막강했다. 그래서 그는 유전자 계급이 자신의 운명 앞에 가져다 놓은 장애물을 스스로 걷어내기로 결단을 내릴 수 있었다.

물론 전두엽 발달에 관여하는 유전자 하나만으로 인간의 자유의지가 결정되지는 않을 것이다. 하지만 빈센트의 22번 염색체 안에 있던 유전자가 빈센트의 다른 많은 문제 유전자들을 극복할 수 있도록 도와준 것은 사실이다. 문제 유전자를 이기는 막강한 유전자의 도움이 없었더라면, 빈센트는 자신의 운명을 극복하려는 결단을 내리지 못했을 것이다.

22번 염색체 안에 자리잡고 전전두엽의 발달을 좌우하는 이 유전자는 외부 환경 때문에 원하지 않는 행동을 하고 있다고 깨닫는 순간 거부반응을 보이도록 설계되어 있다. 즉 우리가 환경을 극복하고 원하는 것을 이룰 수 있도록 힘을 내게 만드는 원천이다. 자신이 진정으로 원하는 것이 무엇인지를 끊임없이 묻고, 그것을 향해 지치지 않고 걸어가도록 만드는 이 유전자가 있는 한, 유전자 결정론을 지지하는 우생학은 어리석은 사이비 과학에 머물 수밖에 없다.

소설 《라파치니의 딸》과 《모로 박사의 섬》

과학자로서 업적을 이루겠다는 욕망이 삶의 전부가 되면 어떻게 될까? 이런 욕망에 인생을 바친 과학자들을 다룬 두 편의 소설이 있다. 모두 19세기에 씌어졌고, 작품 속 과학자들은 새로운 생명체를 만드는 일에 도전하고 있다. 《라파치니의 딸(너새니얼 호손 지음)》과 《모로 박사의 섬(조지 웰즈 지음)》에 나오는 두 과학자 라파치니와 모로는 사회로부터 버림받은 이들이기도 하다. 모로는 가죽을 벗긴 개가 실험실을 뛰쳐나간 뒤부터 동물을 학대하는 잔인한 과학자로 몰렸고, 라파치니에 대해서는 알 수 없는 치명적인 독을 만드는 해로운 과학자라는 소문이 돌았다.

사실 이 두 사람은 세상으로부터 버림받기 전, 스스로 세상을 등진 사람 같았다. 자신의 연구를 못마땅하게 바라보는 사람들의 시선이 싫었는지 모로는 외딴 섬으로 떠났고, 라파치니는 온갖 식물이 자라는 거대한 정원을 만든 뒤 그 속에 숨어 버렸다. 모로가 머무는 섬이 기괴한 괴물들이 돌아다니는 버려진 땅이라면, 라파치니의 정원은 인간의 타락한 상상력에 따라 식물을 심하게 교배시켜 만들어낸 괴이한 동산이었다.

세상 사람들은 모로에 대해 이렇게 말했다.

"실험을 포기했더라면 그럭저럭 잘 지낼 수도 있으련만, 박사는 그렇게 하지 않았어. 연구 결과의 마력에 빠져든 사람이라면 누구나 그런 것일까. 모로 박사는 결혼도 하지 않았고, 실험 외에는 그 어떤 일에도 관심이 없었지."

《모로 박사의 섬》 초판본 표지

한편, 라파치니에 대해서는 이렇게 말했다.

"엄청나게 쌓아올린 과학 지식에 겨자씨 한 알 만큼의 지식을 더해보겠다고 인간의 생명을, 자기 자신의 생명을 그리고 가장 소중한 것까지도 희생할 수 있는 그런 사람이야."

〈모로 박사의 섬〉에서 모로는 동물을 자르고 붙여 사람의 형태를 만드는 연구를 한다. 그만의 살균법과 수술법으로 탄생한 생명체는 원숭이 인간, 고릴라 인간, 표범 인간, 곰-황소 인간, 곰-여우 인간 등 100여 종이 넘는다. 특히 생물체의 겉모습만이 아니라 생리적인 활동이나 생체의 화학적인 반응까지도 인간과 비슷하게 바꾸기 위해 수혈방법을 사용했다. 누구의 피를 어떻게 수혈하는지 밝히지는 않지만, 인간의 특성을 보일만 한 무언가를 혈액 속에 집어넣은 것만은 확실하다. 수혈 후에는 팔다리의 모습이 사람처럼 바뀌면서 생체의 본질적인 구조가 동물에서 인간으로 종을 뛰어넘는 변화를 보이기 때문이다.

굳이 오늘날 과학기술로 모로 박사의 수술방법을 해석하자면, 아무래도 줄기세포 치료법을 쓴 것 같다. 어떤 부위의 세포로든 자랄 수 있는 줄기세포를 통해 인간의 DNA를 심어주지 않고서야 이런 일은 도저히 불가능하기 때문이다. 동물이든 식물이든 이 세상 모든 생명체의 DNA는 A아데닌, T티민, G구아닌, C시토신이라는 네 가지 염기로 되어 있기 때문에 사람의 DNA가 동물에게 먹히지 말란 법도 없다.

모로 박사는 일단 사람의 몸을 갖춘 자들에게 정신교육을 시켜 윤리의식을 심어주었다. 어떤 일은 해서는 안 된다고 가르쳤고, 어떤 일에 대해서는 도저히 불가능한 것이라고 최면을 통해 무의식 깊이 새겨 넣었다. 사실 상상력을 제한하고, 고정 관념을 심어주는 교육은 어릴 때 시작해 오랜 시간을 들일수록 큰 효과를 본다. 갓 태어났을 때부터 줄에 묶어 키운 코끼리는 어른이 되어 충분히 힘이 세어 진 뒤에도 줄을 끊고 달아나지 않는다. 워낙 오랫동안 줄에 묶여 지내다 보니, 그 줄이 도저히 끊을 수 없을 정도로 강력하다고 믿기 때문이다.

그런데 모로는 자신이 만들어낸 생명체들을 바위 사이의 험한 골짜기로 내쫓고 만다. 시간이 지날 수록 인간적인 면모를 잃고 점

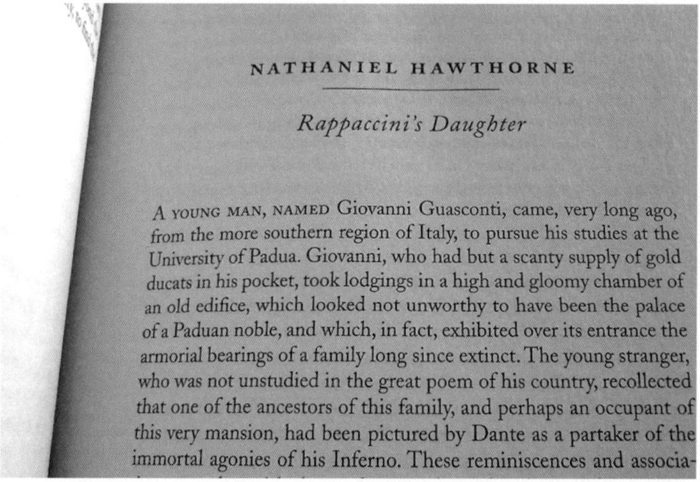

NATHANIEL HAWTHORNE

Rappaccini's Daughter

A YOUNG MAN, NAMED Giovanni Guasconti, came, very long ago, from the more southern region of Italy, to pursue his studies at the University of Padua. Giovanni, who had but a scanty supply of gold ducats in his pocket, took lodgings in a high and gloomy chamber of an old edifice, which looked not unworthy to have been the palace of a Paduan noble, and which, in fact, exhibited over its entrance the armorial bearings of a family long since extinct. The young stranger, who was not unstudied in the great poem of his country, recollected that one of the ancestors of this family, and perhaps an occupant of this very mansion, had been pictured by Dante as a partaker of the immortal agonies of his Inferno. These reminiscences and associa-

《라파치니의 딸》 원서 첫 페이지

점 동물적 본능을 보이기 시작하는 모습이 보기 싫었기 때문이다. 오늘날에도 유전자 치료가 넓게 실행되지 않는 이유 중 하나가, 불완전한 유전자 교정 때문에 원래의 질병 상태로 되돌아가는 현상이 발생하기 때문이다. 작가 웰즈는 19세기 사람이었지만 유전자 치료의 단점을 이미 꿰뚫어 보고 있었다.

골짜기로 내쫓긴 동물인간들은 자신들의 인간성을 잃지 않기 위해 수시로 창조자인 모로를 찬양하며, 자기들만의 법을 외운다. 예를 들면 이런 것이다.

"네 발로 뛰지 않는다. 그게 법이다. 우리는 사람 아닌가?"

"물을 핥아먹지 않는다. 그게 법이다. 우리는 사람 아닌가?"

"같은 인간을 뒤쫓지 않는다. 그게 법이다. 우리는 사람 아닌가?"

"그분의 손은 창조의 손이요, 그분의 손은 상처를 주는 손이요, 그분의 손은 낫게 하는 손이요. 번갯불이 그분의 것이요, 깊은 바다가 그분의 것이요. 하늘의 별이 그분의 것이요."

동물인간들은 매일 이런 찬양을 하며, 법을 말하는 자를 중심으로 모여 바위 골짜기에 움막을 짓고 산다. 하지만 바람 한 점 없고, 바다는 반짝이는 유리 같고, 하늘은 드넓고, 해변의 모래밭은 인적 없이 적막한 어느 날, 퓨마인간이 반기를 든다. 퓨마의 DNA가 인간의 DNA를 이겼는지 퓨마 인간은 모로 박사에게 뛰어들어 잔인하게 물어뜯는다.

《라파치니의 딸》에서는 식물이 종을 뛰어넘어 인간에게 자신의 형질을 전해주는 이야기가 나온다. 라파치니가 개발한 형질 전달법은 식물이 내뿜는 향기에 서서히 물들면서 사람이 변해가는 것이다.

아무리 소설이지만, 말도 안 된다는 생각이 든다면 프리온 단백질을 떠올려 보기를 바란다. 프리온 단백질은 바이러스가 숙주 세포에 들어가 증식한 뒤 주변으로 자신의 DNA를 퍼뜨리듯 주변 단백질을 모두 프리온으로 만들어 버린다. DNA나 RNA도 없는 단백질 덩어리이지만 주변의 다른 단백질을 자기와 똑같이 바꾼 뒤, 자기들끼리 단단하게 결합해 쌓이면서 세포를 파괴한다. 이런 단백질이 뇌에 쌓이면, 신경세포들끼리 신호를 전달할 수 없어 뇌기능이 마비되다가 결국 죽고 만다.

1950~60년대 파푸아뉴기니에서 쿠루병Kuru이 크게 유행했다. 이곳 사람들은 가족이 죽으면 며칠간 애도한 뒤 시체를 나눠 먹는 풍습이 있었다. 사냥에 따라나서지 못해 굶주리기 쉬운 여성과 아이들이 주로 시체를 먹는다. 가족의 시체를 먹으면 죽은 사람의 영혼이 함께 한다는 믿음 때문이라고는 하지만 핑계에 지나지 않는 듯하다. 사냥꾼인 남자들은 시체를 거의 먹지 않았던 것을 보면, 누구든 더 나은 먹을거리가 있으면 굳이 시체를 먹었을까 싶다. 시체 중 특히 인기가 많은 부위는 부드러워 씹어 먹기 편한 뇌였다.

비극은 우연히 크로이츠펠트-야콥병에 걸려 죽은 가족의 뇌를 먹게 된 데서 시작되었다. 이 병은 프리온 단백질이 뇌에 쌓이면서 구멍이 숭숭 뚫린 채 죽는 병이다. 시체의 뇌에 있던 프리온은 소화 과정에서도 살아남아 뇌를 먹은 가족의 몸속으로 퍼져 감염시켰다. 프리온 단백질은 고온에도 강하기 때문에 뇌를 불에 구워 먹어도 감염을 피하기 어려웠다. 파푸아 뉴기니 사람들은 이 병을 쿠루병이라 불렀고, 그들이 식인 풍습을 버릴 때까지 많은 사람들이 이 병으로 목숨을 잃었다.

1980년대 영국에서 처음 발생한 광우병도 소에게 나타난 쿠루병이 인간에게 전염된 것이다. 프리온 전염으로 죽은 소를 갈아 만든 사료를 다른 소들이 먹어 다시 프리온에 감염되었고, 이 소를 먹은 인간도 프리온에 감염되는 비극이 발생했다. 현재는 동물을 갈아 만든 사료를 금지해 광우병 발생을 막고 있다. 단백질 분자가 주변의 다른 단백질 분자를 감염시키는 이 병은 증상이 치명적이고, 고온이나 강력한 산으로도 소독이 되지 않는 것으로 유명하다. 그래서 광우병 환자를 치료한 수술 도구나 내시경 도구는 모두 폐기해버릴 정도이다. 실제로 의료 도구를 통해 광우병이 옮은 사례도 있기 때문이다.

이처럼 단백질 분자가 주변의 단백질 분자를 감염시킬 수 있다면, 향기 분자가 다른 사람의 폐 속으로 들어가 세포 속 DNA를 바꿀 수도 있지 않을까? 우리 몸의 세포에는 열쇠구멍 같은 바이러스 수용체가 있고 바이러스는 이 구멍에 딱 맞게 모양을 바꾼 단백질 껍질을 열쇠처럼 들이밀고 침입한다. 독향기 분자도 폐세포의 빈틈을 이용하거나 스스로 수용체를 만들어 스며들 수 있을 것이다. 세상에서 가장 치명적인 독을 연구하는 라파치니라면, 이 정도는 식은 죽 먹기일 수도 있다.

식물을 통해 세상을 고통에 빠뜨릴 독을 개발하려던 라파치니는 마침내 독을 향기로 뿜어내는 나무를 품종개량으로 얻었다. 그리고 이 나무가 싹트는 날 태어난 자신의 딸에게 나무의 독향기를 맡으며 자라도록 했다. 라파치니의 딸, 베아트리체는 나무의 독 때문에 서서히 죽어가거나 하지 않고, 오히려 이탈리아에서 가장 아름다운 아가씨로 자랐다. 라파치니가 이 나무에 어떤 유전자 조작을 했는지 모르지만, 나무의 독향기를 맡으며 자란 베아트리체의 세포들이 프리온처럼 변해간 것 같다. 질병을 일으키도록 변성된 프리온이 주변 단백질을 자신과 같은 프리온으로 바꾸듯 치명적인 독을 만들어 퍼뜨리는 나무의 독향기는 베아트리체의 세포들이 독을 만들고 그것에 적응하도록 바꾸었다. 프리온 단백질에 감염되어도 증세가 나타나려면 8~18년이 걸리는 것처럼 베아트리체도 나무의 독향기를 맡으며 서서히 변해갔다.

베아트리체에게 첫눈에 반한 대학생 지오반니는 라파니치니의 정원에 있는 그녀를 관찰하다가 이상한 장면을 발견했다. 베아트리체 주변을 날아다니는 곤충들이 점점 힘을 잃어가더니 그녀의 발밑으로 떨어져 죽어버렸다. 베아트리체의 입김이 아니라면 그 죽음의 원인이 무엇인지를 전혀 짐작할 수 없었지만, 지오반니는 베아트리체의 아름다운 얼굴을 보면서 감히 그런 상상을 할 수 없었다. 하지만 이상한 일은 한두 가지가 아니었다. 베아트리체는 독향기를 내뿜는 나무를 끌어안으며(이때까지만 해도 지오반니는 이 나무의 정체를 몰랐다), "내 동생아. 나에게 네 숨결을 뿜어주렴"하고 이상한 말을 했다. 어느 날 그녀가 나무에서 꺾은 꽃의 줄기로부터 액체가 한두 방울 떨어졌다. 그런데, 아래를 지나가던 도마뱀이 그것을 맞고 심한 경련을 일으키다가 죽고 말았다. 베아트리체가 손을 댔기 때문에 꽃이 독을 품게 되었고 그런 꽃에서 떨어진 액체 역시 독약이나 다름없었기 때문이다. 하지만 이런 모습을 보고도 사랑에 눈이 먼 지오반니는 베아트리체에게 다가갔다.

처음에 이야기를 나누게 되었을 때 베아트리체 주위로 달콤한 향기가 퍼졌다. 알 수 없는 거부감을 느낀 지오반니는 그것을 폐 속으로 들이마시고 싶지 않았지만 언제까지 숨을 참을 수는 없었다. 멀리서 바라보며 짝사랑하던 아름다운 여성과 겨우 이야기를 나누게 되었는데, 제대로 연애를 해보기도 전에 숨을 참다 죽을 수는 없었으니까. 결국 지오반니는 베아트리체와 이야기를 나누며 그녀의 독을 품은 숨결에 서서히 익숙해져 갔다. 그런데 앞에서도 말했지만, 이 향기 분자는 프리온과 비슷해서 그것과 닿은 세포의 형질을 바꾸고 만다. 어느새 지오반니의 몸을 이루는 세포들도 변하고 있었다.

지오반니의 손 안에서 꽃다발이 시들기 시작했고, 지나가는 거미를 향해 깊은 숨을 내쉬었더니 거미가 축 늘어져 죽었다. 그리고 지오반니에게 새로운 습관이 생겼는데 라파치니의 정원에 가면 독나무 옆에서 굶주린 사람처럼 향기부터 들이켜야 했다.

주변 환경에 따라 유전자가 변하고, 유전자가 변하면서 세포나 조직의 성질이 변하는 것은 자연계에서도 흔한 일이다. 심지어 악어를 비롯한 몇몇 파충류와 어류는 알이 자라는 주변 온도에 따라 성별도 바뀐다. 악어의 경우 습하고 시원한 곳에서 자란 알은 주로 암컷으로 태어난다. 동물뿐만 아니라 사람의 DNA도 방사선, 알코올, 방부제 등에 의해 쉽게 끊어진다. 물론 DNA 자체에 회복하는 기능이 있지만, 만일 회복하지 못하면 돌연변이가 일어나 영원히 변한다.

지오반니는 독에 중독되어 변해가는 자신을 깨닫고, 어느새 베아트리체를 원망하게 되었다. 베아트리체 역시 사랑하는 지오반니를 고통 속으로 몰아넣은 자신의 운명을 비관하며 아버지 라파치니를 원망했다. 그런데 딸을 과학실험 도구로 사용했다는 의심을 받게 된 라파치니가 뜻밖의 고백을 한다.

"넌 독을 품은 숨결 하나로 아무리 힘센 자라도 제압할 수 있어. 그처럼 아름다우면서도 무서울 수도 있는 것이 비참하단 말이냐? 모든 악을 당하기만 하고, 행할 수는 없는 약한 여자가 되기를 바랐느냐?"

여성이 교육도 받지 못하고 참정권도 없었던 19세기에 세상 모든 남자들이 탐낼 정도로 아름다운 딸을 둔 아버지로서는 자신이 죽은 뒤에도 딸이 홀로 세상에 당당하게 살아갈 힘을 주고 싶었던 것 같다. 이기적인 과학자였던 라파치니는 자신의 딸을 지킬 수 있다면, 딸이 내뿜는 독향기에 다른 생명체들이 죽어나가든 말든 상관없었다.

《모로 박사의 섬》과 《라파치니의 딸》을 보면 유전적으로 변형된 괴물, 독나무, 독을 내뿜는 여자보다 무서운 것이 과학의 힘으로 자신의 욕망을 충족시키려는 인간의 욕심임을 알 수 있다. 라파치니의 계획을 무너뜨린 발리오니 교수는 섣부른 과학자의 성공에 대해 이렇게 경고한다.

> 이따금 아주 놀랄 만한 성공은 인정해 주어야 하지만, 우연히 그렇게 된 성공 사례 몇 개 때문에 과학자가 명성을 얻게 되어서는 안 된다. 오히려 자업자득이 될 수밖에 없는 실패의 사례에 대해 엄격히 책임을 물어야 한다.

여기에서 자업자득이 될 수밖에 없는 실패란 과학자가 개발한 무언가 때문에 결국 과학자 자신이나 가족들이 고통을 당하는 것을 뜻한다. 만일 이런 실패에 따른 고통을 인류 전체가 감당해야 한다면 어떻게 될까? 사실 우리는 이미 스스로 개발한 핵무기나 쓰다 버린 플라스틱, 각종 폐기물 때문에 삶의 터전인 지구를 잃어버릴 위기에 처해 있다. 그리고 이제는 유전자가위라는 새로운 기술로 어떤 괴물을 만들어낼지 모를 또 다른 위기와 마주하게 되었다. 부디 이런 위기가 미래의 재앙이 되지 않으려면 과학연구의 책임을 엄격히 묻는 발리오니 교수 같은 사람이 필요하다.